U0045105

擁有勇氣、信念與夢想的人，才敢狩獵大海！

獵海人

地球造化
萬物生命人生
概論

薛文興　著

目 次

太空原始混沌，陰陽電大霹靂，創造宇宙，造就太陽、星球。，以致地球造化生命章論。

序論

陰陽電子聚能暴電，促成大霹靂，開創宇宙造就太陽。太空原始混沌景狀，裡中陰陽電子聚能，以致暴電，構成大霹靂，開創，產生諸多火團，造就太陽。。於後其所燃燒灰燼，經以能量、時間醞釀打造，便成立了諸多星球。，同際亦造就地球出爐概況。

太陽造就地球。太陽火燃燒，穩定成熟，即與陰火分庭抗禮，發生對立，並成消長效應，而陰火弱勢即遭排斥，踢出圈外。。便於離太陽某段程內，另起爐灶，成立地球核火團。，經以時間、能量打造，於是成立了地球。

地球造化萬物，誕生生命。地球成立初起，集聚火能，亦蘊藏著諸多各異資源。。尤其重要，蘊育陰陽因子，以致造化諸眾生命。以創造浩然成就，造福黎民百姓。

生命肩負兩大人生意義。生命兩大意義，一、「創造生命。」，二、以『生命創造。』浩然生機。。生命延續蒼生不斷興榮，亦『聚所能，揮其才。』創造諸多成就，供於後人瞻觀，偉大事蹟，生命不造，人源稀少，事為沉沒，生態黯然。

大自然暨人類，皆以堅定「自主意志力。」，創造超然曠世成就。理然「自主意志力。」為萬般作為動力，無俱堅定意志力，皆無可完成所望。。人生處世，應俱備，自動、自發、自信『自主意志力。』。，以持尊嚴成就，完成人生瀟灑走一回圓滿路程。

▽著者薛文興述說，本人從業土木工事已及五十餘年，因於巧思靈感構想下。。突出經驗心得累積，得以發掘其中精髓。，並經以漫長歲月，日夜不斷思維，以研究自然道理真諦，方得所願，寫出拙作供於世人參與。精驗心得，得以推理至極，夙解大自然生態，順理成章邏輯。，而並非空思夢想，謬論得逞結論。。所得粗論薄學，僅供參考，以助人生存於若干概念。，未知者，尚請多多指教。

圖一：太空未始混沌景象，為陰、陽電子及各物質原子混合概況。

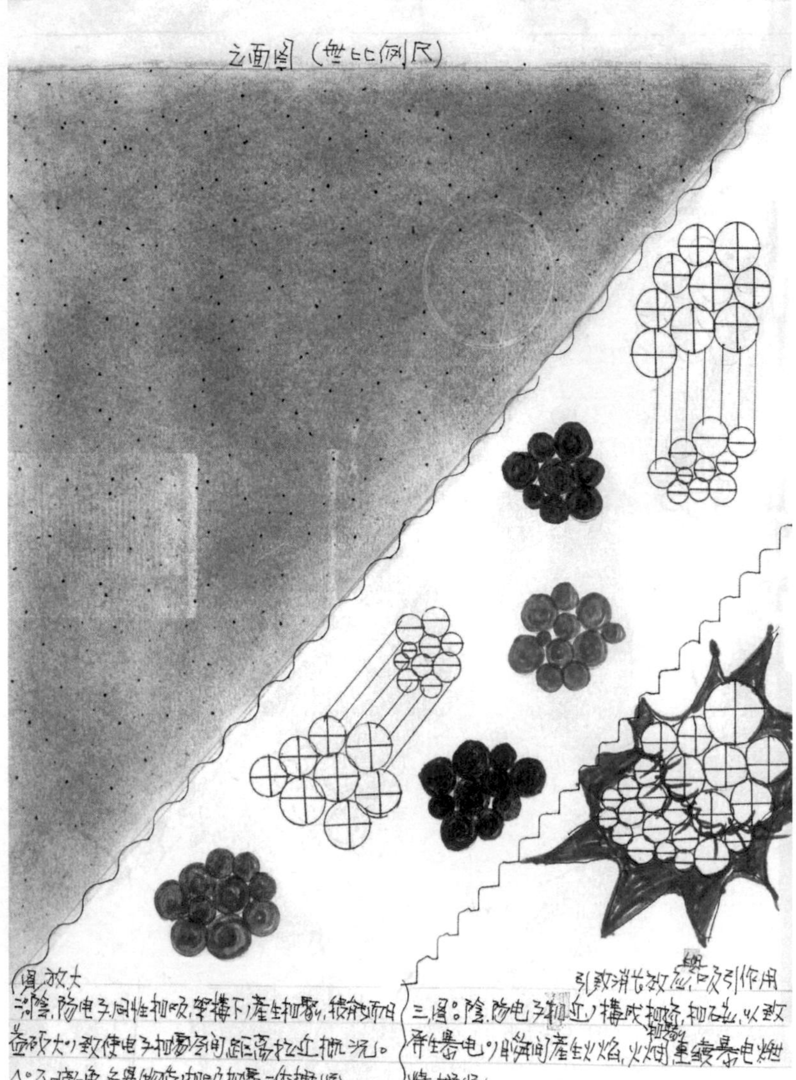

一、太空原始混沌景象，為陰陽電子及各物質原子混合概況。
　　立面圖（無比例尺）

二、陰陽電子同性相吸架構下，產生相聚，積能而日益碩大，
　　致使電子相需空間，距離拉近概況。

△：不同顏色，各異物質原子相吸相需為一體概況。

三、圖：陰陽電子相近，引致消長效應與吸引作用，構成相斥
　　相擠相磁，以致發生暴電。瞬間產生火焰，火焰重續暴電
　　燃燒概況。

四圖：宇宙遍野，諸多火焰，促成一片燃燒，以致相吸，相聚成為大太陽。

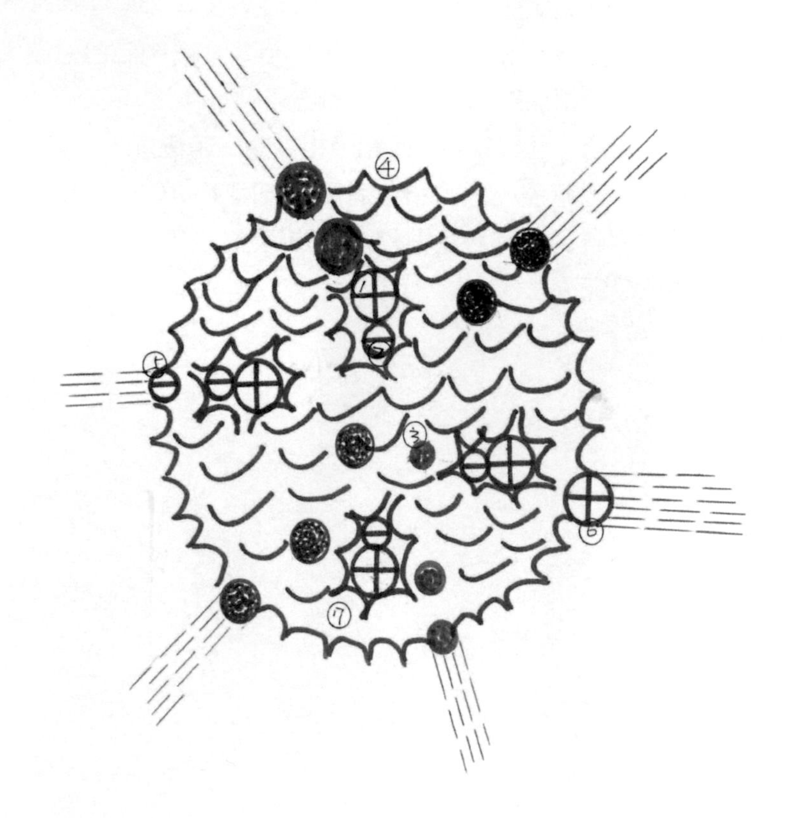

四、圖：宇宙遍野，諸多火團，促成一片燃燒。，以致相吸相聚成為太陽概況。

圖一：陽電子居於老大不搖狀況。

圖二：陰電子與陽電相碰暴電，即時分開，便致產生火焰以致火團概況。

圖三：各不同顏色為各異原子體，遭及熱能吸收，以助燃火團碩大概況。

圖四：火球、電子，各原子體等整體燃燒明序概況。

圖五：陰電子遭及吸引，朝火團靠近，暴電率增加，便以加助燃燒概況。

圖六：陽電朝火團靠近，陰陽電俱消長效應。，相碰暴電後即刻發生分離概況。

圖七：陰陽電子暴電構成火團，以致相吸相引成為更為巨大火團，以此類推。，然而誕生了太陽

五圖：太陽成立，磁大成熟，造就地球陰火烟等概況。

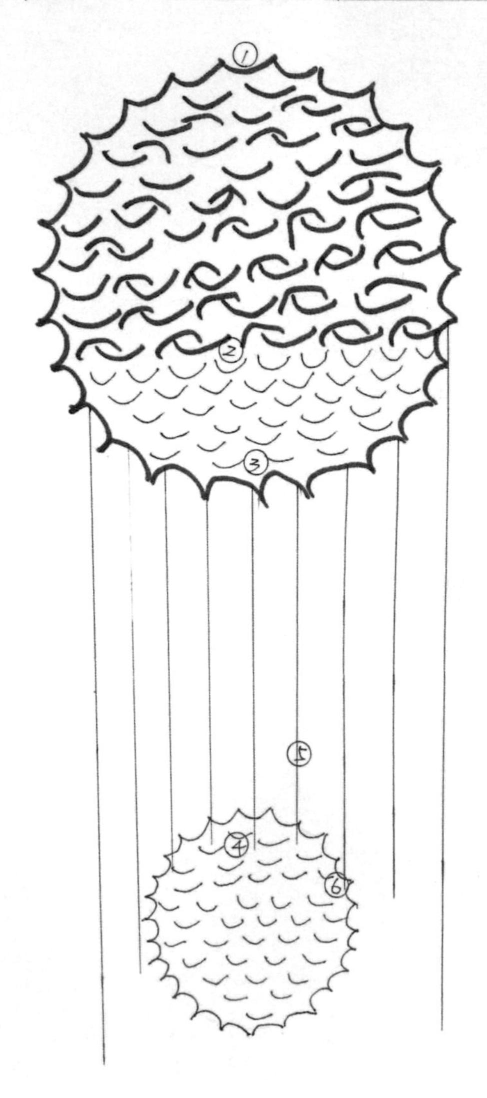

五、圖：太陽成立碩大成熟，造就地球陰火團等等。立面概念圖（無比例尺）

圖一：太陽初立，火勢強烈，陰陽火團統聚燃燒為一體概況。

圖二：當太陽火燃燒穩定成熟，即與陰火發生分庭抗禮對立概況。

圖三：陰火弱勢，即被邊緣化，以致相聚為另一方。

圖四：陰火團遭排斥於圈外，即另起爐灶，相聚成為地球核心火團。

圖五：太陽與地球磁場距離適當，即構成消長相會效應。

圖六：地球為太陽所造就出籠，並時時刻刻輸送能量。，以造福其球萬物生機。

圖七：巨大太陽無時無刻耗損能源。。何日宇宙能量受其燃燒怠盡。，往後唯恐生機難以再現。

六圖：陰火烟另起爐灶，成之地球核心之火，以及灰燼一層層包裹之火烟，成為地幔、地殼等概況。

六、圖：陰火另起爐灶，成立地球核心火團。，以及原子體一層層包裹心火成為地幔、地殼概況。

圖示說明：立面圖（無比例尺）

圖一：微巨火團，停佇於離距太陽不遠處。，發酵位置。

圖二：火團相聚相吸逐漸巨大，以致成為地球核心火團。

圖三：地球火團，一層層旋力效應，而日益碩大。，以致燃燒成熟效應。

圖四五六：陰火團熱能效應，吸收同性物質原子灰燼體。。由內向外增大並經以旋力效應，一層一層裹著火團。，而逐漸碩大，其愈旋愈為緊密，然而以此類推成為地球、地幔、地殼，以致日後效應。

圖七：地球、地殼成立初期，經以一段漫長歲月、波折、歷煉。，演化進化成熟，以致今日繁榮盎然生機。

七、圖：燃燒灰燼，同性相吸，異性相斥。「示如下，造就各異諸多星球成之等概況。

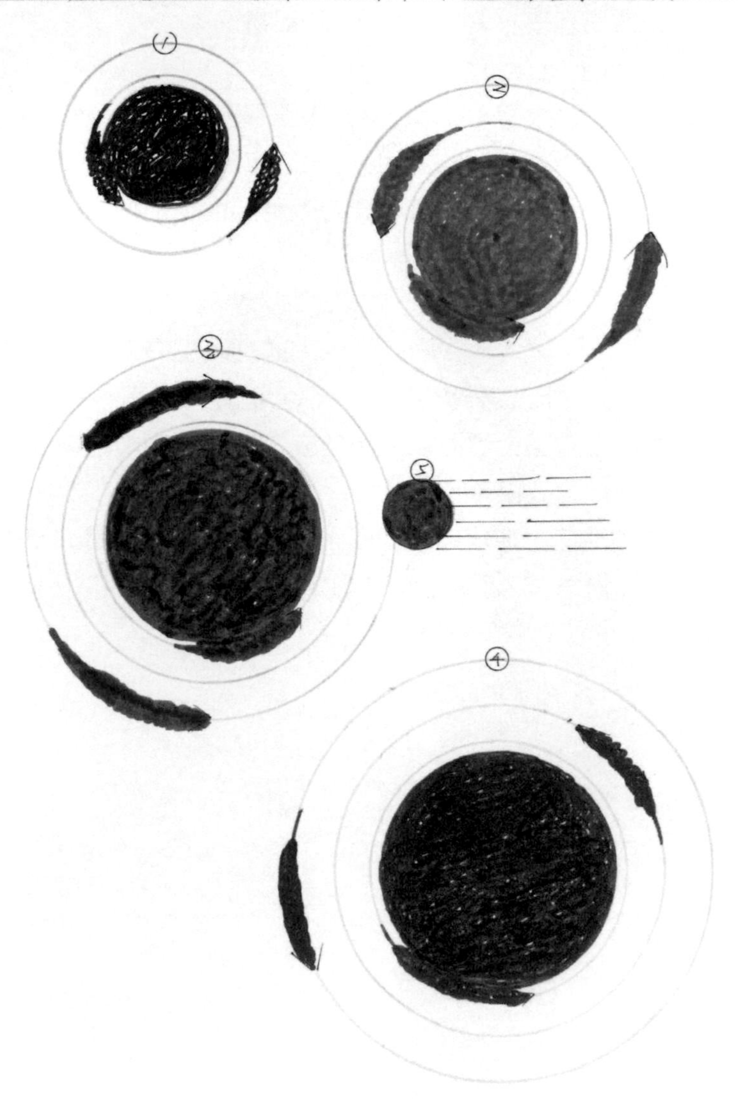

七、圖：燃燒原子體灰燼，同性相吸、異性相斥原則下。造就各異諸多星球成立等概況。

立面圖（圖示說明，無比例尺）

圖一、二、三、四，不同顏色為各異物質原子灰燼，經宇宙能量旋力作用等效應。，一層層相吸相聚成立各星球運轉概況。宇宙能量等發酵，各類灰燼皆聚為各異天體運行。，昔日太空混沌景象，亦一掃而空。

圖二：大霹靂發酵，燃燒原子體化為灰燼，然經以「同性相吸。」原則下。初聚為微體，然而在於能量等環境因素催促下。。逐漸成為各類成型、成熟天體運行。

圖三：大霹靂構成宇宙產生極大甚多能量效應。，造就諸多各異星球運作概況。

圖四、五：當諸衆各異星球成立、成熟。，經能量發酵，天體即四處飛揚，致使相碰、相聚，以致成為更俱碩大星座運轉。

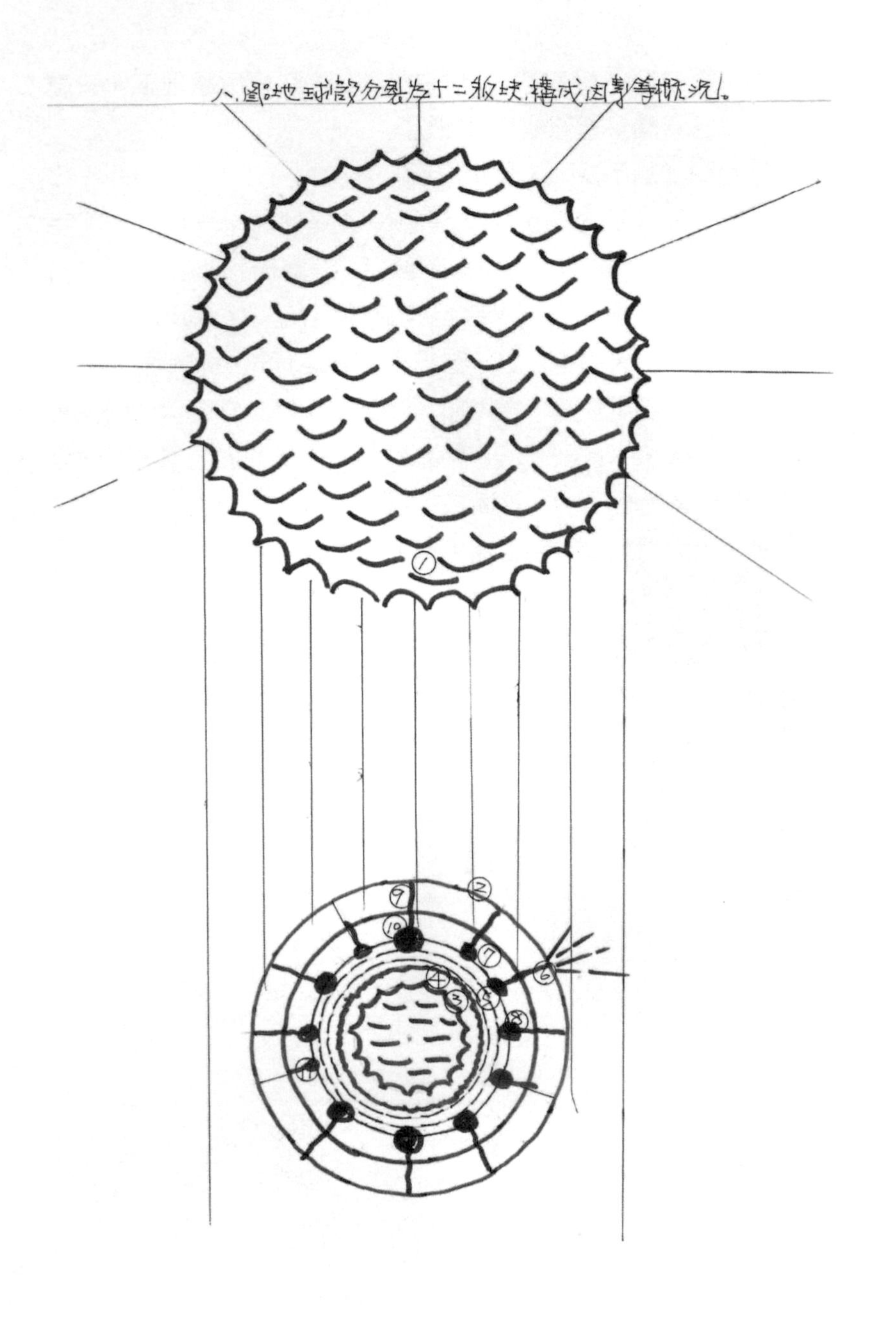
八.圖示地球殼分裂為十二板块,構成因素等概況。

八、圖：地球外殼分裂為十二板塊，構成等概況。

立剖圖（圖示說明。無比例尺。）

圖一：太陽從未間斷，排放熱能。，朝四方八達輸送。

圖二：地球無時無刻，吸收太陽熱能效應。

圖三：地球核心火團，吸收熱能效應。，遂時發生岩漿變動，即導致熱漲效應。

圖四：熱漲效應，其火團邊緣即現「漲縮幅線。」。

圖五：核火邊緣，圍著一層岩漿道。，其火若以變動，漿層即發生蠢動。

圖六：岩漿暴壓，即朝漿庫沖去，寄存醞釀。，當漿滿庫壓力，即積發暴壓，遂即沖向火山口，構成火山爆發產生。

圖七：軟地層。

圖八：因漿庫積滿壓力。，然而核火團發生變動，以致一股作氣將其壓力全然暴開，產生火山爆發。

圖九：常年發生火山爆發，而掙裂地殼為12板塊。，同時養成岩漿固定行走路線。

圖十：岩漿庫巨微區別不均，巨庫所產生火山爆發壓力較巨，其因儲存能量為多。

圖十一：微岩漿庫。

九、圖：地球、地層、地殼、孕生地震平面概況。

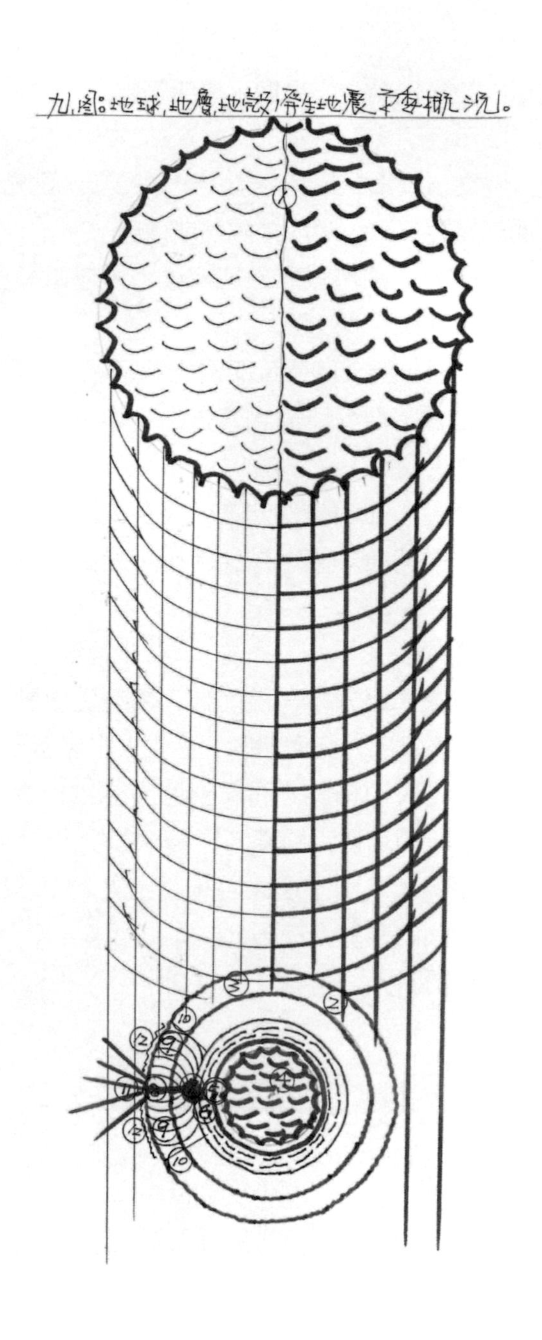

九、圖：地球、地層、地殼，發生地震原委概況。

地震立剖圖（圖示說明：無比例尺概況。）

圖一：太陽為活態恆星，其內部燃燒情況，忽強忽微變化難料。，致使發出能量磁波，強弱難估量。

圖二：強巨火勢燃燒激烈，即發出高強磁波，波及地球生態。

圖三：平穩火勢發出微量磁波，影響層面不大。

圖四：強勢磁波能量波及地球，致使核心火團發生變化。

圖五：火團高壓幅線，擠壓岩漿層。

圖六：岩漿層遭受擠壓，發生波動，產生高漲力。

圖七：高漲岩漿壓力，沖向岩漿路徑，即跑往漿庫寄存醞釀。

圖八：漿庫暴滿產生極巨壓力數，構成爆壓沖向火山口。

圖九：暴壓發生於密閉地層內，其壓力無可即時紓解。，然而爆擠地層內部，沖及整座地層，產生地震效應。

圖十：地層內部，遭及震壓波及範圍區。

圖十一：岩漿壓力沖出火山口，發生火山爆發。

圖十二：爆壓波及地殼，震動範圍區域。

十.圖：海底火山爆發，引發海嘯概況。之剖圖 （無比例尺概況）

圖一：海底線（海床線）。

圖二：海底火山口爆發。

圖三：爆發岩漿壓力沖出海面。

圖四：岩漿壓力沖開海水以致海嘯大浪朝四周沖去。

圖五：海嘯巨浪朝岸邊打去。

圖六：平靜海面。

十、圖：一、海底火心爆發，引發海嘯概況。立剖圖（無比例尺概況）

圖一：海底線（海床線）。

圖二：海底火山口爆發。

圖三：爆發岩漿壓力沖出海面。

圖四：岩漿壓力沖開海水，以致海嘯大浪朝圓周沖去。

圖五：海嘯巨浪潮岸邊打去。

圖六：原來平靜海面。

上圖：地球外殼積聚影多少份以致成為海洋等因素概況。

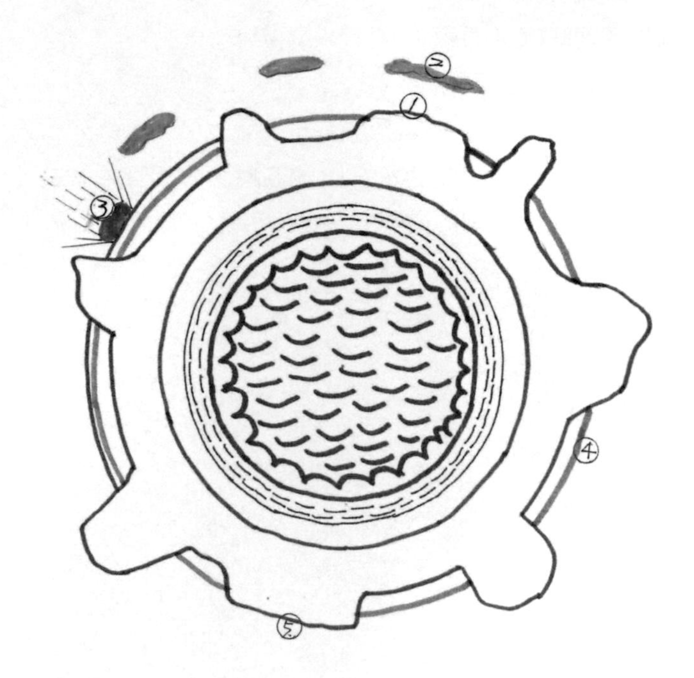

十一、圖：地球殼聚衆多水量，以致成為海洋等因素概況。

海洋構成立面圖（圖示說明，無比例尺概況）

圖一：地球成立初期，處處地殼呈現燃燒狀況。，燃燒之際情況下，產生諸多水蒸氣四處飄浮，待於時日，即化為水份，降落於地殼上形成海洋。

圖二：水氣化成雲氣飄浮概況。

圖三：含水、衛星、彗星撞擊地殼，化成水流遍及地殼。，形成汪洋大海。

圖四：海洋線概況。

圖五：地球外殼線概況。

十二,圖：地球誕生生命概況。

十二、圖：地球誕生生命概況。

生命誕生概況立剖圖（無比例尺概況）

圖一：太陽公為陽性恆星，無時無刻發射出強烈陽性磁波。

圖二：地球母為陰性行星，時時刻刻圍繞著太陽。，並無間斷吸收太陽能量生活，同時亦發出陰性微波。

圖三：太陽強烈磁波，未間斷與微弱地球磁波交會。，交合效應構成地球佈滿陰陽因子等。

圖四：地球無處潛伏，陰陽電因子對照。，並俱消長效應概況。

圖五：水為生命之源，陰陽因子長期潛於水中醞釀。，和調中逐漸交合分化、重複聚離，予以復合情況下，便以成熟交配，以致合成效應產生生命誕生。

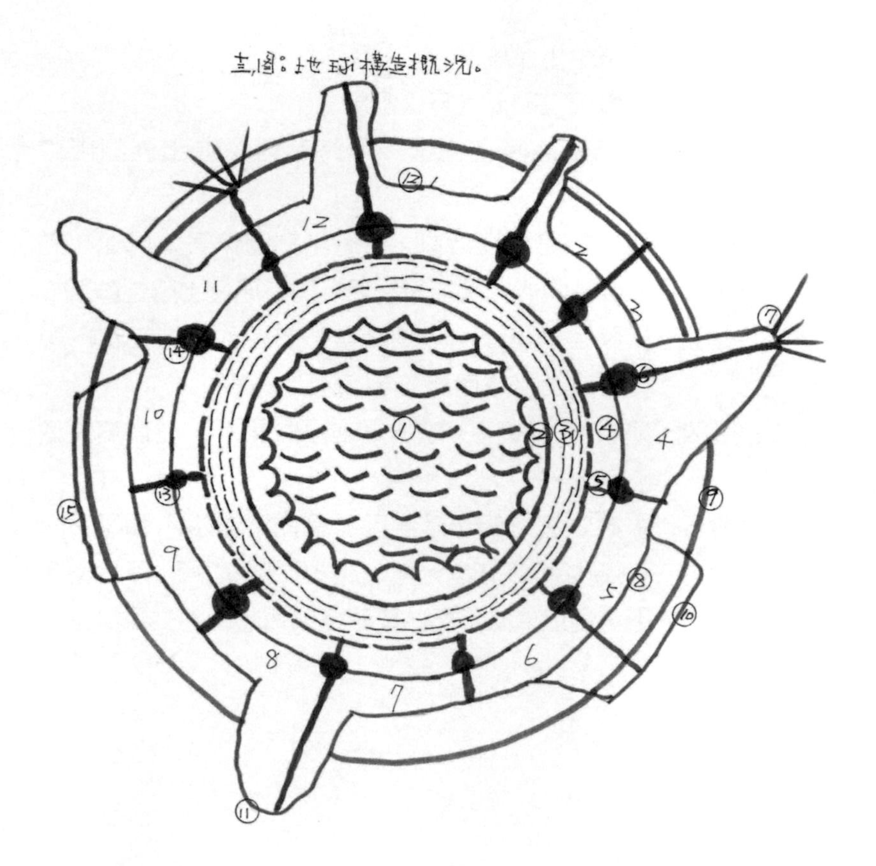
圭,圖:地球構造概況。

十三、圖：地球構造概況

地球構造立剖圖（無比例尺概況）

圖一：地球核心火團。

圖二：核火團漲幅線。

圖三：岩漿層。

圖四：軟地層。

圖五：岩漿路線與漿庫，始終保持熱能通線。

圖六：岩漿庫積滿，構成爆壓，其壓即時朝上端火山口沖去。

圖七：岩漿沖出火山口，產生火山爆發。

圖八：地殼海底線、地面線。

圖九：海洋線。

圖十：地面及低山線。

圖十一：高山線。

圖十二：地殼分裂成12板塊。

圖十三：深層微漿庫爆發威力微。

圖十四：淺層巨漿庫爆發威力巨。

圖十五：地球佈滿陰陽電因子等，以及盎然生機景象。

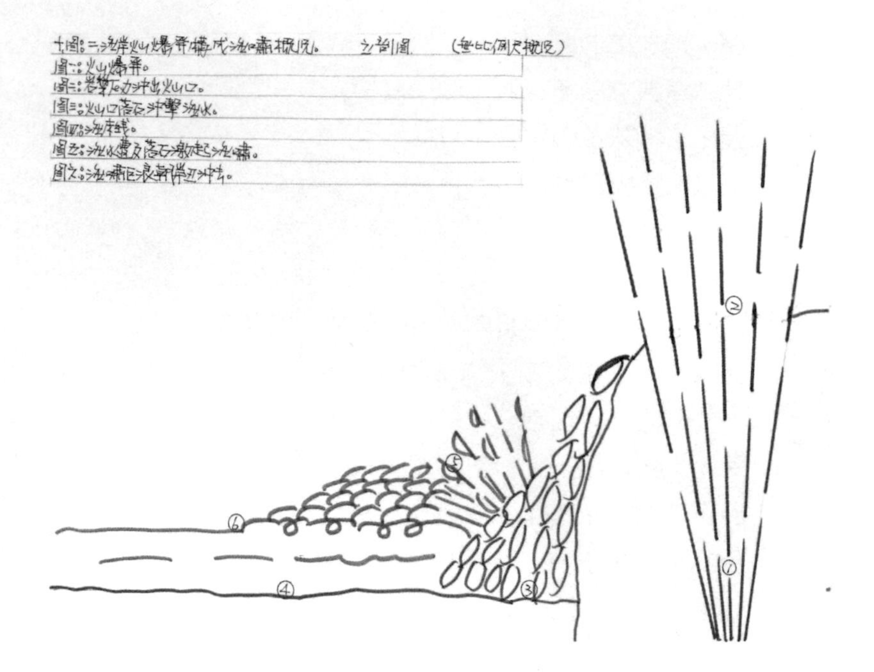
十圖：海岸火山爆發構成海嘯概況。之剖圖 （無比例尺概況）
圖一：火山爆發。
圖二：岩漿石力沖出火山口。
圖三：火山口落石沖擊海水。
圖四：海床線。
圖五：海水遭受落石激起海嘯。
圖六：海嘯巨浪朝岸邊沖去。
①
②
③
④
⑤
⑥

十、圖：二、海岸火山爆發，構成海嘯概況。立剖圖（無比例尺概況）

圖一：火山爆發。

圖二：岩漿壓力沖出火山口。

圖三：火山口落石沖擊海水。

圖四：海床線。

圖五：海水遭落山石激起海嘯。

圖六：海嘯巨浪朝岸邊沖去。

第壹節綱論

太空原始混沌景狀，陰陽電子大霹靂。，開創宇宙、太陽、星球、地球邏輯概論。

▽節論綱要一：太空原始混沌景象，即「混沌相連，視之不見，聽之不聞。」，其為陰陽電子，以及諸眾各異物質原子，混雜瀰漫所構成分子雲狀況。陰陽電具消長效應，即以同於同性相吸原則下，而日益壯大成熟。，以致相處空間密集拉近，晉而摩擦、相擠、相撞而產生暴電。。致使發生大霹靂，構成諸多大火團。

附一：大自然以「蘊其能。」造化自身能量，然而『揮其才。』，造就創造萬物，生命誕生。。無才無能若何有所作為。，發生大霹靂，為陰陽電子聚所能構成，因而產生諸多巨大能量，造就生機浩然景象。

附二：大自然之所以開創萬物生命，為俱充足優良構成等條件。。以配合能量運轉，並經漫長時間打造，過慮、篩檢、演化、進化成果。，以予出爐，因應生活環境，以致今日繁榮，長久不衰。

附三：大自然生態為相對性生存立道，倘若太空成立之初，無以陰陽兩樣電子俱在。。焉能發生暴電，以啟開生機大門。，更無今日生態之存在。

▽節論綱要二：大霹靂開創宇宙，致使產生諸多巨大火團。，以致造就太陽誕生。

附一：大霹靂開創宇宙，敞開大自然生機大門，以致一連串造就生態。。便以通往生機康莊大道。，萬事起頭難，萬般作為之初，皆為不知而面臨「事與願違。」困境，倘若堅持態度，將可一一沖過難關，達及所望。

附二：陰陽暴電產生諸多火團，而諸眾物質原子體供及，以及能量加持。。以致構成連續持延燃燒遍野，而宇宙之巨，所燃燒浩大火勢，當可推所然。，然以各原子體助燃，理然當然、無可厚非，即誕生了點燃生機，超然偉大，神聖大太陽。

附三：大自然「人事物。」生態業務作為，皆由一個點、靈感，而啟開思維，發揮作用。。太陽經以燃燒至極，造化自身能量，而逐漸成熟穩定。，以發揮所能，造就他物。

▽節論綱要三：巨大火團燃燒諸眾原子體，以致產下灰燼。，造就諸眾星球出爐。

附一：諸眾物質原子體，受及燃燒，即化為諸多各異灰燼。。廣散於宇宙間，而經以同性相吸、異性相斥原則下。，構成相吸作用，並以能量打造，而逐漸成為圓型巨狀大星球佇立概況。

附二：星球成立為大自然聚物原則，同性相吸、異性相斥所構成，並經能量打造等因素，而成為圓狀巨型星座。。造就一座星球，欲經以幾億年時光歲月，逐漸圓滿所達成的。，其中蘊藏著諸多各異能源，待於世人開發使用。

附三：一座星球圓滿成立，欲適得體材，時間醞釀，能量打造等因素方可構成。。諸多跡象顯示業務作為人類生活理律原則。，皆沿襲大自然生態行則，予以作為。

▽第一段摘要：太空成立之初，即備齊陰陽電子。，以及諸眾原子瀰漫概論。

一說：陰陽電子初立，生澀、微細，鑑於同性相吸原則下，其電子各以日益成大，而聚能成熟。。即發生相引、相聚、相碰，以致發生暴電、火焰、火團四起。，同際構成諸多能量效應。

二說：大自然生態，作為前夕即俱備周全材料，醞釀充足能量，思維明確。。時機成熟，一股作氣衝刺，即水洎渠自成。，生態趨勢，發展途徑，為定然邏輯，必然走勢，諸君所作所為，應以遵行自然行則。

三說：「人事物。」生態業務作為，諸多未依自然行則而為。。則，抱著頭過身即過、僥倖心理，其為短暫得逞。，到頭來將踢及鐵板，或遭天譴責罰。

▽第二段摘要：陰陽電子暴電，構成大霹靂，啟開大自然生態效應。

一說：大霹靂啟開大自然生態大門，同時亦推動「人事物。」生態業務作為。。人類靈感啟發，造就諸多偉大事蹟。，但，造其就欲「聚所能。」方以『揮其才。』，事事舉證，比比皆是，諸君所為，莫以忘懷。

二說：唯才適用，則聚有所能，方以發揮其才。。才能發揮，欲經以漫長歲月醞釀。，熬於天機，大公無私造以功德，將遍及街頭巷尾，有量他人，即有福回報。

三說：時來運轉，而時不來、運不轉，人無多能，順其自然，遂然而為。。自然而為，乃以天意所示，君欲識大體，明道理。，若般莫以強求，適可而止。

▽第三段摘要：燃燒灰燼，同性相吸，以及能量等效應。，造就星球出爐概況。

一說：燃燒餘下必留灰燼，且具多種物質構成。。以於分類，即以同性相吸原則下，聚合成立各異星球。，同際各儲藏著諸多不同能源。

二說：大自然生態蘊藏著諸多各異原子，因此地球誕生了，諸眾不同人種。。居住於各區域生活。，「萬物歸宗，萬理歸原。」，皆為自然界所誕生產物，亦俱相同任務生活打拼。

三說：原則及毅力堅持下，造就出大自然浩然生態，以及超然成就。。其皆以漫長歲月醞釀能量，打造成熟而成，並非空穴來風，突然間，未知何處所冒出形成的。

第貳節綱論

大自然、太空原始混沌景象，以及三大勢力，創造宇宙、太陽星球等等概況概論。

▽節論綱要一：太空原始混沌景況。混沌，即原始未開發景況，「混沌相連，視之不見，聽之不聞。」混沌，陰陽電子以及諸眾各異物質原子瀰漫狀況，其交合即發生「消長效應。」，構成大霹靂概況。

附一：混沌景象意識潛在，即空中之際瀰漫陰陽電原子等等顆粒存在。，因而構成看不到周圍景狀，以及聽不見周邊聲響。

附二：太空三大勢力，即「陰陽電子大霹靂三大作用。」，陰陽電子交合產生消長效應。，發生大爆炸狀況。太空陰陽電子個體各自為立，即屬默然靜態，其因機緣交合即引發連續驚天動地大爆炸。。同時引起火焰，接續強大燃燒火勢景況。

附三：陰陽電子日益坐大成熟，兩性巨火相聚一團，必然產生發酵。。而陽火強勢，陰火微弱，日後將構成遭及打壓出局概況。

▽節論綱要二：三大勢力，構成大霹靂造就宇宙活體概況。

附一：太空「塵爆效應。」產生連續大爆炸，產生諸多巨大火焰，燃燒著諸眾原子體。，遂應產生多種氣體、煙霧，以及諸多能量四處飛竄。連續爆炸效應，即誕生宇宙，其亦立即成為活動體。，營運著各產物及諸眾能量狀況，同時增大宇宙三度空間。

附二：大爆炸，巨火，即產生熱能，吸引等能量效應。。燃燒熱化後，所有物質顆粒將更為細微，成為粉狀。，其粒子將可再以解剖，欲以了解各物質原子構造，將可從中分析，探悉其原委。

附三：原始太空混沌景況，經以連續大霹靂效應，遂即轉化為熱能效應狀況。。誕生宇宙，呈現一片活絡景象，其亦立即成為一座活體。，能量即四處飛竄，引發撞擊等等狀況。

▽節論綱要三：宇宙造就太陽及各星球概況。

附一：太空大霹靂產生相當諸多巨大火焰。。由於烈火具相吸相引作用，即將其火聚合為一堆。，併逐漸坐大，成為大太陽，因壓力等因素其同時亦容納、集合陰陽火等等物質原子擴大燃燒著。

附二：星球成立。大霹靂構成諸多物質原子飛揚，其因能量效應，即構成同性原子相吸聚合為一堆。。漸漸日以坐大成為宇宙中星球各立景況。

附三：太空大霹靂，各物質原子飛竄，而成立各星球。。由於燃燒以及等等效應，即產出多種氣體、煙霧等等狀況。宇宙之大，各星球難免出現漏網之魚。，浮現衛星、隕石等等產物四處飛竄狀況。

第一段提要：原始太空混沌，朦朧景象。

一說：太空原始景象，為陰陽電子，以及多種類型，物質原子，混合構成瀰漫狀態。，以致成為「混沌。」朦朧概況。

二說：混沌景象，是由許許多多不同種類型（包括電子微體），物質原子顆粒混合構成之概況。

三說：陰陽電子相處過密發生「消長效應。」，即構成相擠、相碰引發『塵爆效應。』，晉而產生連環大爆炸。，引燃巨大火焰燃燒相吸聚合為一團。

第二段提要：陰陽電子以及等等不同物質原子，構成連續大霹靂等概況。

一說：陰陽電子微體相聚過密，即構成相擠、相碰而發生摩擦，擦出火花。，晉而構成「塵爆效應。」，而引發連環大爆炸。。引燃巨大火焰，燃燒諸眾物質原子體，並延續不斷燃燒擴大趨勢形成相當巨大火球。

二說：大爆點為啟發性作用，倘若發生火焰而無燃體供及。。即若「曇花一現。」無可燃燒延續。宇宙之巨瀰漫不同諸眾原子體，以供及大霹靂火焰燃燒所用。，以予延續為燃燒維繫。

三說：沉寂太空，因陰陽電子發酵，而發生大霹靂創造了宇宙，啟開了大自然生機。。並開創萬物生靈，生生不息。大自然隱藏著諸多生態邏輯，以引導眾生，創造盎然生機。，以致繁榮不啻景況。

第三段提要：太空大霹靂創造宇宙，造就太陽等星球產物概況。

一說：大爆炸，創造宇宙，並掙巨開闊其三度空間。大霹靂引發巨火燃燒，其火聚合為大火球，以致造就太陽出爐。

二說：太空創造宇宙，亦造就太陽出爐。而太陽造就地球，滋生萬物。

三說：星球成立，是以同性物質相吸，並經以太空能量等因素所構成。

第參節綱論

太陽成立歷程，以及造就地球等概論。

▽節論綱要一：太陽成立歷程，穩定運作等概況。

附一：大爆炸產生諸多火焰集聚而成立火球運作，當強烈巨大火球燃燒之際，同時亦邊收集諸眾原子體，以供若干火焰燃燒，便於相吸相引情況下而日益坐大。，以致成為當今巨大火球「大太陽。」。

附二：巨大強烈太陽火燃燒之際，其中包含陰陽火以及諸眾原子體。，供及燃燒延續不斷運作發酵。

附三：太陽燃燒成立之初，火源複雜，火勢激烈，所顧及層面，較於混亂，經以一段期間燃燒，內部逐以穩定成熟。。陰陽火即漸發生對立亢禮。，由於陰火較於弱勢，即遭踢出陽火圈，然而遭及排斥陰火，便於離太陽一定距離處，集聚一團成立了「地球核心陰火團。」。

▽節論綱要二：地球成立概論。

附一：地球火成立火團，遂於宇宙能量運作，即將同性物質原子體。，逐漸式一層又一層將地球火團，團團裹住，便組合成立了今天我們立足生活「活躍之地球。」。

附二：地球成立為同性物質原子體所構成，其因燃燒因素，即產生諸眾氣體、煙霧、餘渣等。。煙霧蒸汽必然化為

水份。，並經以集聚效應，即成為地球、大江、海洋狀況

附三：大自然創造萬物，皆由一個啟發點，然而逐漸式一點一滴作為累積而成。。事物成立並非空穴來風。，而更難於一蹴即成，空夢，空曠大地，突然間冒出景物實為謬論。

▽節論綱要三：太陽造就地球，為得天獨厚等概論。

附一：宇宙造就太陽，其為搜集了陰陽火效應，由因陽火強勢即將弱勢陰火擠出太陽圈外，即構成「消長效應。」。。陰火即遭太陽控制於某段距離內發酵。太陽造就地球是具於諸多因素，以及特殊條件所構成。，其他諸眾星球並無此理化作用。。何來生命之有。

附二：太陽造就地球，並無時無刻輸送能源，同時產生「陰陽磁場。」對照相互吸引作用。。亦發生『消長效應。』發酵。，促成地球成為一座獨一無二發光發亮活躍星球。

附三：地球能源發酵，其心部醞釀諸多陰火運作。，由因長期吸收太陽能源，便產生能源發酵、發洩，而發生火山爆發等等災變。災變發生如同「氣爆效應。」，其部份可預先防患，或資源利用。，欲考驗當事者智慧與能耐。。物盡其用棄之可惜。

第一段提要：太陽起源、浩巨能量，造就萬物生機概況。

一說：大爆炸產生巨大火焰四處飛竄，並引燃諸眾物質原子體延續燃燒。。由於消長作用而產生「相吸相融效應。」，逐漸將陰陽等火焰聚合為火球。，更於不歇吸收，而越燒越巨，成為當今大太陽。

二說：太陽剛成立之初，因火源強烈，即不計類別一一

搜刮燃燒。，而陰陽火以及不同物質原子體，延續供及燃燒未盡。

三說：經以一段燃燒之際，其火勢逐漸產生穩定情況，而裡中陰陽火即開始分庭抗禮、對立局面。，然而陰火弱勢遭及邊緣化，漸遭擠出太陽圈內。。陽火繼續延續燃燒發酵，發出能量滋化萬生機。

第二段提要：太陽造就地球，暨造化生機概論。

一說：太陽火擠出陰火佇立離太陽於某段距離內，其陰火亦自立門戶。，即聚合陰火團，成立了地球核心。當地球核心陰火團穩定下來，其諸眾同性物質原子體。，於適當時巧合時機，逐漸式一層層將陰火團裹住，成立今日偉大地球。

二說：地球磁場與太陽磁場交合發酵。，造化地球生機，便滋化了萬物生命衍生進化。。以致繁榮生生不息。

三說：地球經以一段甚長光陰鍛造，其不堪局面漸於穩定下來。，然而出現水份，生命方以搬出抬面。。時間為作為原素，生命是欲經以時間，漸漸孵化誕生出爐，並非突然間由地底冒出來的。

第三段：太陽造就地球為獨有局面情況概論。

一說：太陽造就地球，並無時無刻發出能源效應，然而地球火團磁場與太陽磁場，相吸交合情況下發生作用，方以誕生出生命。。陰陽交合方可卵生孵化出生命體。，無此條件，何有生命之卵。

二說：生命誕生是經以陰陽兩性交配，再以時間孵化出生的，並非一蹴即成蹦出的。。太陽與地球為特殊環境條件。，方可誕生生命體，其他星球並無此理化條件，因此無可出生生命體。

三說：生命體誕生歷程，若同「人事物。」生態業務作為，倘若無經以時間籌備設計思維作為程序，何來成就之說。。天才奇蹟，紙上談兵，皆為空談，應以實務為重。，並配合多元化條件，方可完成使命。

▽地球為46億年前誕生的。

第肆節綱論

地球造化生命，暨其誕生歷程等概論。

▽節論綱要一：地球造化生命體所俱備條件。（大自然籠罩著陰陽原子體對立，消長效應不變概況）

附一：太陽造就地球，並無時無刻輸送能源，以維持地球生機盎然景象。

附二：太陽若無不斷供及能源發酵，地球將無可延續生機。，亦無造化萬物生命誕生。。太陽為陽性體，地球為陰性體，公母兩性相交才能生出生命體。

附三：太陽公、地球母，太陽為父親，地球為母親。。命運為註定的，其將君生為人才，日後努力，將可大放異彩。，若生君為庸才，日後成就，若「相君之面，不過封侯。」，凡為應以『順其自然，遂然而為。』，莫於強求，盡人事聽天命吧！

▽節論綱要二：水源造化生命進化概論。

附一：地球水源來自於大爆炸，燃燒演化匯集蒸氣，以及搜集宇宙空氣水份。。其氣來源之巨，必然產生浩巨江河、海洋。

附二：水為生命之源，而生命來自於吸收水中養份，滋化、卵化，漸以孵化生命體誕生。，其中過程是經以漫長歲月、演化、進化得來之結晶。

附三：生物對於水份須求為至極期望，無水人類無可生存。，為之取用，皆來自於雨水，以及地下水或加工取水。。良水有助於身體安康，劣水危害健康，水源取得不易，應以保護，多設儲備，以備之須。

▽節論綱要三：大自然造物造福為均衡性等概論。

附一：大自然造萬物（包括人類。）是以週期、均衡性、客觀原則而為。，唯得老天青睞，並多努力付出，即得以功成名就，衣錦還鄉。

附二：大自然定律為「風水輪流轉。」，三年河東，三年河西，富有不過三代。。亦若有付出即有收入，原則著世。，皇天不負苦心人。

附三：大自然天數為概數，無定數，其生態千變萬化，難以推測。。人類為著利益，居心叵測，更防不勝防，出於奇招。，一切紛爭皆於利益居多，古訓：「求財恨不多，而財多害人己。」名言。

第一段提要：地球為母體，並儲備相當資源概論。

一說：大自然超能力，造就地球為母體系統。，並儲存相當諸多資源發酵，以致成為一座發光發熱，活絡星球。

二說：活絡地球儲藏相當水份營養。，滋化、造化諸多生命體誕生，以至生生不息。

三說：人類誕生以來，地球資源不斷供及應用。，致使萬物盎然生機源源不斷。

第二段提要：水為生命之源，造化地球生命概論。

一說：生命源頭來自於水源，生命起源於水中長期吸收養份。，致使萌生生命跡象。生命初起於水中陰陽因子交合，並輸送精子，漸於成卵，經以孵化成型。。待於成熟，即誕生生命體，並經以多重演化進化才誕生出人類生命體。

二說：水雖為生命之源，但人類生命誕生，為欲經以多基因創造。。並經繁複改造、考驗方得人類生命體出世。

三說：人類諸眾細微生命誕生不足為奇，但，其若於長大創造，利民利國豐功偉業。，即為了不起人才。。生命誠可貴，人人應以珍惜尊重，莫枉人才出生。

第三段提要：地球吸收太陽能量，以致生生不息景況概論。

一說：地球成立穩定後，其火心持續不斷運作。，同時無時無刻吸收太陽能量發洩，以維持生態平衡效應。

二說：地球之所以成為活絡星球，滋生萬物，唯得以太陽能量均衡效應。。人類所作所為，應以理然理道而為。，以免觸犯天威發怒，受及譴責。

三說：地球為一座時代巨輪，不停往前推進。，同時構成「物競天擇。」效應，劣質「人事物」生態作為，將遭淘汰出局。。盡善而為將可維持盎然生機。

第伍節綱論

地球構造以及發生地震，海嘯等歷程概況。

▽節論綱要一：地球構造概況。

附一：地球核心蘊藏著巨大熱能，即陰火心，其無時無刻燃燒運作，以及吸收太陽能發酵。，以致構成地球滋生萬物生命生機景象。

附二：地球是由諸眾不同物質原子體構成。，經以燃燒等過程，致使萬物性質使然，產生諸多良惡等產物供諸於世，參雜於各異環境生活。。同時滋生繁複不止「人事物。」生態業務作為問世。

附三：地球構成基礎紮根物質種類繁複，因此構成諸眾錯宗複雜生態景象。。但大自然生態所作所為、構因、徑道。，皆由「萬物歸宗，萬理歸原。」真諦為出發點。

▽節論綱要二：地球吸收太陽能量飽和，引發地震概況。

附一：地球心火不停運作，以及無時無刻吸收太陽能發酵。，以致發生地球心火產生熱消長效應，岩漿熱壓爆發。。構成火山爆發震動山丘，引發地震。

附二：地球吸收能量，以致飽和爆發，其為漸接式累積能量所引起。，並非一下子即刻、瞬間式爆開。。當能量吸收飽壓，若同氣球沖氣暴壓，以致發生「氣爆效應。」爆炸景況。

附三：當岩漿爆開，唯因藏匿，其壓力密封於土層內，無可即時自由舒發。，其偌大壓力沖擊及土層，又遭彈回。。壓力來來去去之際即構成震及山丘，便以產生地震效應。

▽節論綱要三：引發海嘯概況。

附一：海嘯發生即眾所皆知，是由海底火山等爆發所引起，岩漿壓力沖擊海床。，以致將海水蕈狀型沖開。。構成圈狀形海嘯壓力，沖向岸邊。

附二：海嘯形成數波壓力沖擊，其因海底火山岩漿爆發壓力。，無可一股作氣完全釋出，欲經以數次舒壓。。方可完全排解壓力，若此構成數波海嘯襲擊概況。

附三：當第一波海嘯壓力沖向岸邊之際，其爆發即呈現蕈狀懸空狀態。。然而海水瞬間拉回填滿空陷處。。因而岸邊發生退潮景況。

第一段提要：地震發生起源概況。

一說：地球長期吸收太陽能，以致其火焰團產生飽壓，以至暴壓、洩壓情況。，其爆壓將擠壓岩漿層構成鼓壓效應。，即將岩漿推送及岩漿庫暫存。

二說：地球火吸收太陽能效應，為漸接累積式，待壓力飽和。，再往上推擠，一段段暴壓累積致使發生火山爆發。。震及地層，產生地震景況。

三說：常年累月，地球火壓以及岩漿爆發效應。，即將地球層面掙開為十二塊面殼狀況。

第二段提要：地球火心運作，以及吸收太陽能飽和，岩漿庫存以致火山爆發概況。

▽一說：地球火心時時刻刻吸收太陽能量，以至胞壓。岩漿遂即遭及壓推。，寄存於離心火不遠處蘊釀，待若干波岩壓推擠。。飽壓至極，即爆發偌巨壓力而發生火山爆發。

▽二說：地球火心構成焰壓，是漸接式累積壓力，然而其壓往上推，即將岩漿向上擠壓及岩漿庫。。擠上岩漿壓力因無可即時送往火山口。，俟其壓飽和即發生「氣爆效應。」，以致火山爆發。

▽三說：地心岩漿處，離火山口有一段甚長距離。，當其壓力爆發無可即時釋出。。因而其欲寄於岩漿庫。，然而一階段一階段往上推送岩漿庫，俟於飽壓即全然爆壓出火山口。

▽第三段提要：火山爆發，岩漿爆發力沖擊海床，引發海嘯概況。

一說：岩漿爆發，產生一股浩巨壓力，往上方沖擊海床及海平面，以致海洋構成蕈狀型懸空狀態，其海水即朝四週圍擴開。。海水即成浪潮往周圍岸邊沖去，釀成海嘯。

▽二說：海嘯、海水回籠概況，當第一海嘯沖向岸邊之際。，其爆發處產生懸空狀態，而海水即回鍋填滿其空陷處。。此時此際海水即遭拉回，岸邊海水即構成退潮景況。

▽三說：海邊火山口爆發岩漿，導致岩石落海沖擊水面。，形成海嘯沖擊岸邊景象。天災可怕，盡於可能，預先作以防患未然。。不懼艱辛用心耕耘，耐心作為，將可多多少少預知減微災害損失。

第陸節綱論

大自然生態理律為「固有道理。」，即以『理然暨理道』邏輯處世概論。

▽節論綱要一：大自然生態，固有理律行則為『道理』。。道理為區域名詞，裡中名義無以各表。。欲以「理然與理道。」邏輯處世概論。

附一：「理然。」乃大自然生態定然客觀邏輯，通理者明悉理然所在。。其則於實在態度。，亦為『人事物。』生態業務處置原則。

附二：理然為母理，理道為子理概論。

理然乃道理之母親，即「實在態度。」，而道理之子為『理道』。即六大原則。。其一、公平，二、均匀，三、實質，四、延續，五、創造，六、透明。

附三：理然與理道，為大自然「人事物。」生態業務，思維理念及作為原則，倘若失去其原則。。將無可完成任何巨微業務。，其為真諦，人人應以遵循，方可得於盡善盡美業務評價。

▽節論綱要二：啟觀大自然造物態度，皆以「實在態度。」作為。

附一：太空大爆炸，創造宇宙造物，皆以實在態度為之。，方可得以今日繁榮，以致生生不息景象。

附二：宇宙造物，基礎異常穩固，是以時間配合「實在態度。」，一點一滴漸接式累積，打造成型。，且適應環境而日益壯大。

附三：理然為「人事物。」生態作為基本理念，其若作為第一觀念『實在。』。。不走偏門，以人道實材打造，即具牽引啟發作用『立心以誠，則應事如神。』。

▽節論綱要三：「理道」作為邏輯。

附一：「理道。」是由六大原則所鞏成立綱。，其為處理『人事物。』生態業務作為定然途徑。

附二：複雜業務處置法則，皆俱法規邏輯。，然以「理道。」作為，方可圓滿完成使命交差。

附三：「人事物。」業務作為，應以遵行大自然定然生態邏輯而為。，當今繁榮世界之成就，皆欲拜於大自然所賜。。其之宏恩浩大人類莫以忘懷，方可得以維持盎然生機，而生生不息。

第一段提要：道理與理然、理道邏輯關係概論。

一說：道理解說，道理為大自然理律真諦，亦為「人事物。」生態業務作為途徑。。應以遵循其定然客觀行為。，以及思維理念邏輯。

二說：理然為業務作為正確理念，繁複「人事物。」生態業務。，預為前夕應所俱備定然客觀觀念。。好的開始即成功一半。

三說：理道為複雜業務行徑作為上正確行為。。隔行如隔山，而門之有竅，倘若作為上皆以理道而為。，將可大小通吃，大事化小，小事化無全然境界。

第二段提要：理然為「人事物。」生態業務作為思維理念。

一說：繁複「人事物。」生態業務作為，預先應俱備善為理念。，若此思維業務作為上，已事先成功一半。

二說：「理然。」為實在態度，萬般作為若以『實在。』為根底。，將呈『事半功倍。』功效。。亦達及真諦效應。

三說：「立心以誠，則可應事如神。」，誠意感動天，真誠為實在概念。。實在作為，黃土變成金。，將可構出盡善盡美『人事物。』業務完美作品。

第三段提要：理道為「人事物。」生態業務作為定然行徑行為。

一說：複雜「人事物。」生態業務，門徑極為混雜。，但其作為上，若以理道而行，將可一一突破瓶頸，克服重重難關。。完成使命交差。

二說：理道為大自然所開途徑，人人莫以悖離。。應以遵行，皇天不負苦心人，有心人事竟成。

三說：大自然生態理道為天理，無以遵行，其作為將事倍功半。，晉而全盤皆輸，諸君應以三思，謹慎而為。。否則遭及天譴，將欲付出慘痛代價。

註一：「人事物。」生態業務作為正道正理，即合乎道理邏輯真諦。

註二：道理前提：為母理理然邏輯。道理原則：為子理，即一、公平，二、均勻，三、實質，四、延續，五、創造。

第柒節綱論

地球超然力造化「人事物。」生態主軸業務作為概論。

▽節論綱要一：大自然超然力打造地，造化諸眾生機，並締造「人事物。」生態業務作為概論。

附一：地球大自然生態，儲存諸多能源，以及資源資助。，以滋化生機並締造諸眾生命，以演化進化「人事物。」生態業務作為。。以致今日繁華盎然景象。

附二：人類誕生，為配合生命運作，即搆引出生態主軸「人事物。」許許多多諸多各異業務出籠。

附三：萬般複雜業務，皆由人為因素所引搆成。。偉大成就由人才構思打造出爐，並非人人所及。，亦非一蹴即出，奇蹟式謬論。

▽節論綱要二：「人事物。」生態，事務為業務推手概論。

附一：「人事物。」事務為其業務推手，舉目世上偉大成就，皆以構思以及桌上設計思維。。事務作為良劣緩急即關係及其成敗關鍵。，為者應以慎重，莫以貿然急促而為。

附二：事在人為，事務預為前夕，應深明現場運作情況。，然而以全方位，多角度，長短距離，觀察其中端倪。。並以砂盤推演模擬，以致事務邏輯完整性。

附三：事務設計思維愈為縝密周全，對於執行，打造成功率則愈高。繁複「人事務。」事務作為前夕，準備功夫應以周全慎行，莫以了草誤事。。謹記應以理然理道法則善為。

▽節論綱要三：「人事物。」生態，『物品』業務建構概要。

附一：「物品。」為人類因應生活所求，如衣食住行等物件建構。，以供及善用。

附二：「物品。」建構欲俱五大基本功能效應，一、強固能體，二、靈用能體，三、藝術能體，四、創新（新穎）能體，五、服務效應。，俱備其功能方可符合因應當今使用者須求。

附三：「物品。」建構或選構，欲應及現場使用性，其前夕欲丈量清楚。。以全方位，多角度，長短距離，觀察其中端倪。，以便應及完全使用情況，圓滿度。

▽第一段提要：「人事物。」生態業務主軸，人為首要因素概論。

一說：事在人為，萬般業務良劣品質，皆人為因素所構成，繁複業務作為。，唯以人才掛帥。。俱專才理念，並以理然為出發點，然以理道作為，將可達及盡善盡美理想完意出籠。

二說：智慧是經驗得來的，處置繁複事務若干作為。，欲以經驗豐富、智慧高超者較為適當。。庸人處理將落得事倍功半，不善療效。

三說：人才處事較於明智，但其待遇與作為品質關係重大。，用錢能使鬼推磨，而重賞之下必出勇夫。。當事者應以斟酌。

▽第二段提要：「事務。」業務起源之設計思維，周全縝密可恰到好處概論。

一說：「事務。」為「人事務。」業務推手，其起源欲以三思，視其必要性，並以適當、正當性考量及等觀察事由。，然而理性判斷，必以理然、理道邏輯思維設計，以完成差事。

二說：「事務。」推展良劣緩急，即關係及整個構案成敗。。其務開端設計前夕，欲預先了解整體事務，來龍去脈及真諦性。

三說：「事務。」設計思維，欲考慮其真諦性，其作為關係及公司利益。。該為不為，則不該為，拼得滿頭大汗。，其務掘起所影響層面，可大可小，為者莫以輕率，應警言慎行。

▽第三段提要：「物品。」建構，即關係及生活經濟活絡興起。

一說：「物品。」建造欲俱備基本五大功能效應，方可符合當今消費者利益。。『物競天擇。』莫忘警訓，否則遭及天譴，後悔莫及。

二說：當今資訊發達，消費者處處可比較物品效用，若無全方位功能應及，難以長佇市場競爭。。眼光放遠，以薄利多銷方為上策。，長壽者吃得久，並非寬嘴吃得多。

三說：「良善物品。」廣及好用，將可暢銷市場。。將可提高生活水準，並帶動經濟興起活絡。

第捌節綱論

地球大自然天機「順其自然，遂然而為。」邏輯概論。

▽節論綱要一：大自然超然力，顯示諸多跡象。，並無時無刻推動生態業務，以維持諸眾生命運轉。

附一：大自然雖未能直接與君對話，但冥冥中，顯示著諸跡象。，以告誡「人事物。」生態業務作為有所遵行。

附二：君道，天機不可洩漏，老天顯靈，即大自然顯示某事態的一個兆頭。，其中包含著喜怒哀樂事宜。。天機陰密，倘若為者預先曝光，將前功盡棄。諸多事宜可為莫講，反之可講而不可為。。亦可講，可為，遂機應變得宜。

附三：大自然變化莫測，其中玄機奧妙，難以盡言矣！欲以「順其自然，遂然而為。」。。大自然天數有概數，無定數。

▽節論綱要二：大自然為活態，氛圍變化難以捉摸狀態。

附一：宇宙大自然氛圍變化莫測，其為太空能量作用及太陽能，以及地球「溫室效應。」等因素所構成的。。而地球超然力造化萬物。，亦由其力共同所提供的。

附二：大自然生態氛圍，即顯示出生機盎然景象。，同時萌生感應，「至神至靈。」活然靈氣。

附三：生態氛圍趨勢顯示，應以尊重。，莫逆「順然。」

天機。

▽節論綱要：大自然跡象顯然「順其自然，遂然而為。」生態而為邏輯。

附一：大自然理然態度，顯示諸眾跡象為無私無偏。，並以超然立場，扶助造化人類生命欣欣向榮盎然景象。。人為應以「順其自然，遂然而為。」以自然寬宏度量，建構高超成就。

附二：應以遵循尊重大自然所顯示等等跡象，以理然理道立場方可造化出盎然景象。。「聚培塿為巨山，積小流成江海。」即有容乃大。，人類應以效仿為之。

附三：大自然生態跡象顯示，一錯連三錯警訊概論。大自然冥冥中，作為警示，一次錯即可能連三錯誤。，因而「人事物。」業務作為，欲戰戰兢兢，謹為慎行，莫犯其誤。

▽第一段提要：大自然造化生機，並時時刻刻警示「人事物。」生態業務作為。。「物競天擇。」不良效應。

一說：大自然造化生命，並時時刻刻扶助生機。，造化萬物欣欣向榮景象。

二說：大自然造化生機，並提示「人事物。」生態業務作為。。天有好生之德，並賜以再生機會。，倘若不知悔悟，將以天遣，輿論撻伐。

三說：大自然「人事物。」生態業務，欲以理然、理道、天道邏輯作為，方可盡善盡美搆引出完善作品。

▽第二段提要：大自然生態氛圍變化難測。，具概數，無定數概論。

一說：大自然氛圍變化難測，具概數，無定數。。倘若堅持己見為決定性，論為絕對錯不了觀念。，可能欲遭及敗數。

二說：「人事物。」生態業務作為，欲順應諸多角度而為。，凡事無絕對，而應該這麼作為。。見招拆招，臨機應變為要。

三說：適機而動，莫強行，天時地利人和等因素。，皆應考慮其中。

▽第三段提要：「順其大自然，遂然而為。」為大自然定然行則。

一說：大自然造化萬物，供及生機，唯以理然理道定然法則而為。，其則不可改變，而違悖天道，大自然之所以延續至今繁榮。。皆按其道走過來。

二說：大自然諸多跡象顯示生態，人人應以尊重以遵循大自然法則。，並遂然而為。

三說：打造才能，順應天意。。創造超高成就，以帶動國家百姓興榮。，走向康莊大道。

▽大自然是以理然隨然態度打造，方於今日盎然生機景象。

第玖節綱論

人生兩大途徑及兩大任務邏輯概論。

▽節論綱要一：仕途，古云，「書中自有黃金屋，書中自有顏如玉。」，得以高官厚祿，欲經以『寒中苦讀十年』以上苦熬，方可得以榮銜。。實為不易差事，亦未必可得，是否命中有所註定方可得呢？但，如今官場亦難捱。，盡人事聽天命吧！

附二：技途，當今「人事物。」業務成就，皆由『技途』走出來的，而得以敖然成就。。其必須經以『十年以上功夫』學習造化，以及五大程序。，方可如願以償，『不經一番寒徹骨，焉得梅花撲鼻香。』。

附三：「行行出狀元。」，吃得苦中苦，方為人上人。。人生兩大途徑之成就，以及兩大意義延續，即關係及『人事物。』生態業務發展。，欲視世人智慧與能耐效應。

▽節論綱要二：人生兩大任務，創造生命與生命創造。

附一：「創造生命。」，生命為『人事物。』生態業務作為主軸，倘若生命無以創造延續，而人才無可輩出。。業務將無以發展，一切作為將停滯不前。，生命誠可貴，不可畏縮，應以即時造化，以帶進生機盎然景象。

附二：「生命創造。」，一切繁榮欲以生命去開創，尤其人才更為難求可貴。。其欲以理然理道，並無時無刻付出。，方可得及敖然成就，便以促進欣欣向榮景況。

附三：完成兩大任務造化，亦即負俱兩大人生意義，任務完成及俱人生意義。，以便完成重大成就。。不枉人生瀟灑走一回。

▽節論綱要三：「人事物。」生態主軸繁榮不已，得以仕途與技途打造。，生命持續不斷創造，得以碩果概論。

附一：以生命打造仕、技二途人才，予以創造敖然成就。。以便帶動經濟繁榮。，國家百姓興旺景況。

附二：「人事物。」生態業務，為國家、企業、百姓生活主軸。。其似時代巨輪不停往前推進，倘若發生停頓、停止狀況，其後斷然發生「推擠」構成不良效應。，若何保持暢通，國家領導人、企業老板、家庭家長應負完全責任。

附三：虛心求教、理然作為，方可促進「人事物。」生態業務進步與繁榮。。自以為是而高高在上，或眼睛皆朝天上看。，其基礎以及作為不明，即全然未知作業情況，愚人也！

▽第一段提要：「仕途。」辛酸歷程及成就。

一說：經以「寒窗苦讀十年以上歲月。」，方可得以學識心得。。赴京應考，但未必得願。

二說：「常為則成，常行則至。」，戰戰兢兢、恆心以對。，堅持最後一分鐘，成功將非你莫屬。

三說：「不經一番寒澈骨，焉得梅花撲鼻香。」。，經以辛酸歷程，終有回報獲及水洎渠自成效應。

▽第二段提要：「技途。」經以五大歷程學成。，以及

成就作為。

一說：經以五大歷程洗禮，將可得以超人能耐。，造化出敖人成就。

二說：「長城。」是經以一塊一塊磚頭砌成，並非奇蹟式降落得逞。。人類成就是經以一段甚長歲月學習技能磨練。，方可打造出傲人成績。

三說：「勝利不是奇蹟，成功不是偶然。」。。一切之一切皆欲超人付出。，方可得以超然成就。

▽第三段提要：「行行出狀元。」，吃得苦中苦。，方為人上人。

一說：雖說命中註定，但若堅持，用心付出。，皇天不負苦心人。

二說：仕途、技途，皆有作為，其有付出即有獲得回報。。試問若與他人比較。，我的作為可以嗎，對嗎？

三說：古今中外，所有作為成就，絕非偶然所得。。皆一步一腳印，流血流汗所堆成。，長城並非一天造成的。

第拾節綱論

「人事物。」生態業務技藝學成歷程，五大階段邏輯概論。

▽節論綱要一：業務技藝學成，經以五大階段學習概論。

附一：五大進級階段，壹回生（疏），貳回熟（悉），參回巧（靈），肆回靈（通），伍回通（理）。

附二：「人事物。」生態業務作為技藝，經以五大學習進級階段，即可學以致成，處置其務將可駕輕就熟。，圓滿完成差事。

附三：不熟即不懂，業務作為莫以勉強，若以髮試火，全盤皆輸。。請以專業理師，將致事半功倍效應。，又快又美，以免誤及「人事物。」生態業務作為預算。

▽節論綱要二：學滿五大階段，方達及學識專業境界。

附一：「人事物。」生態業務繁複深澳，皆俱專業領域，其若無經以五大進級階段學習洗禮。。絕無可能圓滿處理其務，倘若一知半解或半調子手法。，其果將陷於零零落落慘淡局面。

附二：學習歷程艱辛萬苦，若無持之以恆，堅持態度，難以達成所願。。「不經一番寒澈骨，焉得梅花撲鼻香。」。，經以辛酸路程，其後錦繡前程，將非君莫屬，艱苦背後皆醞藏著幸福、富貴、榮耀，以補償諸君的付出。

附三：無以付出談何收入，欲俱滿腹學識，則應事如神。。必然欲以耐心，堅持態度修得。，天下沒有白吃的午餐享饜。

▽節論綱要三：學成若同登山者爬越山頂概況。

附一：學子心理準備條件，如同登山者，首要裝備，倘若學習無以恆、耐、信心等意志以對，以及堅持態度以備。。其習是難以致成，生物之所以進化。，是以「自主意志力。」意識理念，然而付以理道所完成。

附二：登山者攀爬及山頂，俱階段式，只可了解山座，一二山景。。倘若登及山頂，即可完全觀明其山全然狀況。，即及水洎渠自然成效，若同達及通理境界。

附三：通理境界，即可認清「人事物。」生態業務一切作為。。其務錯宗複雜，隔行如隔山，若欲理出其真諦。，欲以『理然理念。』思維，並以『理道。』態度作為，即可圓滿完成使命交差了事。

▽第一段提要：「人事物。」生態業務技藝五大學習歷程。

一說：時代進步，社會透明，而「人事物。」生態業務作為皆欲接受考驗。。優勝劣敗適者生存，更以『物競天擇。』呈現。，『生活很現實，現實很殘酷。』局面。

二說：現實人生若未俱以生活技藝，是難於社會立足。。然而身懷絕學，才藝欲經以。，五大艱辛歷程洗禮，方可如願以償。

三說：初踏上學藝之門，一切感覺生疏，學過一陣子光陰，業務較於熟悉，即熟能生巧。。學及四階段，為理事務，手藝靈巧許多。，然而百尺竿頭，再進一步，以致通理境界，臻及其界，處理事務即可手到擒來。「學初感倍難，理悟覺易行，成長差本艱，勸君志堅心莫灰，水泊渠自成。」

▽第二段提要：學習歷程，艱辛萬苦，達及通理，欲以付出。

一說：學習歷辛酸，若欲臻及『通理。』境界，欲相付出，不畏艱辛，方可取得。。堅持最後一分鐘，即水泊渠自成。

二說：通理境界，對於「人事物。」生態業務作為，將如魚得水，游躍自如。。面臨困難差事，將可一一破解，圓滿完成使命交差。

三說：辛苦付出，必然豐碩回報。。皇天不負苦心人，有心人終於事成。，使命一一完成，名利將如湧泉，滾滾而來。

▽第三段提要：學成如登山者攀爬山頂，觀明山座全然概況。

一說：登山者攀爬山峯，為艱辛途徑，但，若登上山頂，即可全然視明山座，突出、凹陷等等狀況。。學成達及其界，即可全然彷彿通理境界。

二說：登山者，若爬及山腰折返，如同學及半調子。。處理事務得於事倍功半。，即落得零零落落局面。

三說：學成若同登山者，耀登山頂，觀明全然山景狀況。。欲付出辛勞方可臻及所願，有付出即有所得。，再接再厲，堅持最後一分鐘，將可名利雙收，風光場面。

第拾壹節綱論

人生學習適當年層。。二十有學，三十有成，四十歲而不惑概論。

▽節論綱要一：二十歲前後有學，為黃金年層概念。

附一：學以盡藝，其年層二十前後為黃金期。。於此時此際腦袋一片空白。，其學藝思維將可一一記明，而不易忘卻，亦具靈活反應又快效應。

附二：年輕反應快，所學及技藝將可一一烙印於胸。。學藝即似「堆牆城效應。」一層一層，堆及所求高度，即可發揮作。，擔起防護大任。

附三：學藝門檻，不積所學，難以效應。。年輕有為應以把握。，以開創未來盎然生機。

▽節論綱要二：學及三十年層，技藝已見成熟輪廓。

附一：作為學及三十，其業務端倪已見開朗輪廓。。再接再厲將及「水洎渠自成。」成效，不負諸君所望。

附二：堅持最後一分鐘，成功已向君招手。。所付出一切辛勞代價，將得回報。，名利將如湧泉，滾滾而來。

附三：有付出，方有收入，萬般皆如此。。半途而廢將前功盡棄，淪為狼狽。，得及功名，將有享不盡榮華富貴。

▽節論綱要三：四十不惑，業務技藝達及「通理境

界。」，處置事務即可手到擒來。

附一：處理事務而不惑，並可運用自如。。即可獨當一面，進以思維，業務設計，建構作為。，將全盤運作，圓滿收尾。

附二：「人事物。」生態業務，全方為懂於，並以說明原委，設計思維。。理道作為，掌控管理得當。，完美作品即將出爐也！

附三：全方位思維設計，並以理然理念，以牽動理道作為。。方得整體性成功。，並得敖然成就，永佇於世。

▽第一段提要：年輕即學，效果極佳效應。

一說：年輕謂二十年層之前，其年頭腦清晰、一片空白、無負擔壓力，反應極快，若有學習。，如同烙印於胸，不易忘卻，亦皆耿耿於懷。。學而不斷，其為奠基效應。

二說：年輕具衝勁力，手法敏捷，學習技藝易於作為。。極易吸取經驗，其學藝中將可助長良多。，甚以好學，將後大大助於業務上之突破效應。

三說：「不積蹞步，無以至千里，不積小流，無以成江海。」，學藝作為，極賴經驗，吸取累積。。『常為則成，常行則至。』。，持之以恆，將致石破天驚效應。

▽第二段提要：學及三十，為中程必經門檻。

一說：學屆三十，技藝雖屬成熟段，但欲全然處置事務，尚差臨門一腳。。達及通理境界將為期不遠，再以堅持即可手到擒來。，得以全然效應，難不倒君也！

二說：學及中程段，即以驗收之前所學成果，再以展望未來學習路徑。。是否調以行徑，或緩或速學成。，同時邊為觀察未來社會氛圍，以備出爐時機。

三說：學藝雖然，但，業務全然情況，尚無可完全視明掌控。。加以未久時日磨練，累積經驗。，將可一一識破其中端倪。

▽第三段提要：四十不惑，即臻及通理至極，處置業務無所不為。

一說：經以不斷思維作為，理所當然，即臻及通理境界。。處置業務而不惑，並可全方位。，應及「人事物。」生態事務作為。

二說：人無多能，靜觀其變，雖俱通理本事。。倘若時不來，而運未轉，亦無可奈何，「順其自然，遂然而為。」，刀劍磨利，遂機以對。，風水輪流轉，終有出鞘的一天。

三說：時機氛圍一輪一輪轉，若俱才華，未懼無展露的時機。。急以作為，唯恐「吃急弄破碗。」。，弄巧成拙，陷於全功盡棄慘狀，莫為吧。

▽註一：學習未懼失敗，而畏於不為。。失敗得取經驗，乃成功之母。

第拾貳節綱論

人為三品格，以及學問三等級概念。

▽節論綱要一：人為上、中、下三品格。

附一：上品「聰明人。」能尋找並創造機會之人，其視聽靈敏、反應快、領悟力強。。處置「人事物。」生態業務皆為積極，此種人才少見。，但願『君』能以理然理道態度為國家、社會，或多或少付出一些心力。

附二：中品「平凡人。」為把握機會，實實在在平淡而不突出付出之人，此人等社會較為多數。。國家社會建設，皆為他們所構的。，與世無爭亦為一種享福啊！

附三：下品「愚蠢人。」即放棄機會，不懂思維，僅能唯命是從、憨直之人，天生愚蠢，怪不得誰，此等人即遭使東喚西，且亦易於受騙。，旁則貴人多多扶助。

▽節論綱要二：學識三等級，老闆、師父、粗工。

附一：老闆級，為公司策劃領導負責人，其凡事皆站於第一線衝鋒陷陣。。我不入地獄，請問誰入地獄？當負責人不易。，但若走運，還挺風光，倘若時運不濟，恐欲愁眉苦臉，日子難捱也！視君能耐，事在人為。

附二：師父級，為師爺及主將戰場之人，專為領導人提供策謀，並執行作為人者，其層次能耐，高低落差甚巨，即關係公司業務興衰。，老闆欲「慧眼識英雄。」以防被誤。

附三：粗工級，聽命作為，無關緊要，平傭，專為粗重工作之人，其亦各有所長，天生我才必有所用。。雖屬粗人，但草枝撂倒人。，亦為國家社會默默付出人力。

▽節論綱要三：人品高低，以及學識淺薄成就。。皆為國家付出。，亦皆為國家棟樑。

附一：人品高低、學識淺薄，莫藐，其皆戰戰兢兢站在自己工作崗位上，默默的付出。。亦皆為國家之棟樑、有用人才，何人適合何許作為，冥冥中似乎有所定數。，莫悖離天道、人道，盡人事聽天命吧！

附二：一個國家，以及一個社會、團體，適為一個生命共同體組織。。高貴之人高高在上，未能幹粗活，然而一介粗夫俗子，亦無能作為細膩工作，而各其所職。人之生命皆由微細原子體（細胞子）所組成。。莫以區分貧賤、高低身份。，老天皆一視同仁，對待諸君們。

第拾參節綱論

大自然生態「人事物。」業務作為，『危機即為轉機。』概念。

▽節論綱要一：危機形成。

附一：繁複、透明社會，而各行業資訊見光率極為發達。。「優勝劣敗。」倘若產品稍呈瑕疵，即遭打擊商品信譽。，公司即浮現經濟危機。

附二：「物換星移。」商品競爭，因而市場時以出現新物品，吸引顧客。。經不起考驗者，即遭淘汰，而新品無以即時趕上。，公司業務將構成經營不善慘況。

附三：「人事物。」生態業務作為，或管理不善，皆可能構成危機，危及公司業務。。行業競爭，時時刻刻欲以戰戰兢兢態度面對。，以防止危機出現。

▽節論綱要二：如何解除危機。

附一：時時刻刻不鬆懈，以戰戰兢兢態度管理公司，並詳加記錄數據，「人事物。」生態業務作為。。觀察入微，若有不當，即時改過。。業務作為欲以正常管道運作。

附二：戰戰兢兢並時時刻刻，留神市場產品銷路概況，更時常蒐集有關資訊。。以了解掌控「知己知彼。」，爾虞我詐心態戰略。，商場如戰場也！

附三：未雨綢繆，防患未然處之。。「平時不燒香，臨時抱佛腳。」。，為時已晚唉！

▽節論綱要三：如何將危機化成轉機。

附一：「知己知彼。」即以加強更新，以構出符合五大功能，全然物品效應。。雨過天晴「柳暗花明又一村。」，將以其物功能全然煥然一新。，即可暢銷公司產品業務，將可轉虧為盈。

附二：未懼危機潛在，事在人為，若何時間，即適時作為改過，皆可化干戈為玉帛。，以轉換軌道，或改變現實情況。

附三：行業競爭商品流行氛圍忽起忽落，欲以理然態度帶引理道作為。。以促進「人事物。」生態業務穩固繁榮。，並帶進經濟盎然生機。

▽第一段提要：危機將危及公司經濟概念。

一說：公司危機構成，即衍生經濟不平衡。。導致倒閉，老闆跑路。，不良效應洶湧而至啊！

二說：公司危機構因甚多，主要來至於「人事物。」生態業務營業情況。。如管理不當，人才流失，產品滯銷等事宜。，即構成財務危機概況。

三說：社會透明、資訊發達，而「人事物。」生態業務作為，若稍為不慎即引進諸多危機。，危及公司經濟生機。

▽第二段提要：解除危機關鍵，日常以備即可降低危機。

一說：「人事物。」生態業務作為不良，病生是由微而日以坐大，其為欲以時間養成。。倘若日常管理得當，即時處理不以拖延。，危機即可降為最低，甚至不以來過。

二說：產品欲以五大基本功能效應，競爭力強，其品斷可暢銷。，大大消除公司危機。

三說：製造產品俱以五大功能之際，同時欲以理然態度帶引理道作為。。以至、至善、至美產品出爐，其將得以暢銷無阻。，公司呈以一片盎然生機景象。

▽第三段提要：積極改善管理，「人事物。」生態業務作為將創造生機。。構成『柳暗花明又一村生機』。

一說：「人事物。」生態業務作為繁複，裡內潛在危機四伏，情況甚多。。視君能耐作為。，如何將危機轉化成另一生機。

二說：公司「人事物。」生態業務作為，平常俱以意識力心理準備以防患未然。。碰及景氣等危機，即可保全安然渡過。，否則兵敗如山倒效應，不良景況發生。

三說：大自然生態氛圍變化莫測，天數具概數，無定數。。凡事欲以理然態度，理道作為。」，可將「人事物。」生態業務難題。，一一化解，達及大事化小，小事化無效應。

附三：人品、學識姑且莫論。。套一句偉人「鄧小平先生」老話，能抓老鼠，皆為一隻好貓。國家繁榮、社會建設，皆欲依賴諸君作為付出。，然而大家一起拼經濟吧！

▽第一段提要：聰明人創造機會，平凡人把握機會。，愚蠢人放棄機會。

一說：聰明人懂得應變、思維高竿，見及「人事物。」生態業務，任何一絲情況。。亦將積極尋求或開創解決之道，予以善了。

二說：平凡人能力所及，其思維單純，平常作為侷限於把握領域。。難以突破事為，而守株待兔，情境屈多。，其實社會主幹，皆為若般默默的付出。

三說：愚蠢之人，萬般情況不明，能力亦低微。。無形中機會皆一一流入東海養魚，若般才幹僅能效以粗活工作。，未能擔負大任。

▽第二段提要：學問三等級，領導、作為、助手級。

一說：公司組織領導負責人凡事皆欲站於第一線。。方能掌控明白一切事為，倘若碰及若干事務。，「我不入地獄，誰入地獄。」，負責人辛酸歷程，酸甜苦辣，皆欲概括承受，無一倖免。

二說：作為者如師爺、師父，其為任命戰場主幹。。凡事作為執行，皆由彼操作，但其必聽命於老闆差遣。，務必將業務善了交差。

三說：助手即執行主幹副手，其欲幫助師父完成任務。，若碰及不便，欲眼明手快，以扶助業務作為，應時時刻刻旁者以待，不可鬆懈，以免誤事，完不了差。

▽第三段提要：莫以藐視低賤，彼此皆為國家、社會打拚者。

一說：大自然造化生命，皆以理然、理道態度並一視同仁以對。。並無熟輕熟重現象，當事者切莫輕視、不尊重態度以對。，君子受苦不受辱啊！

二說：同為國家、社會付出拼鬥人，焉有高低區分者。。職業不分貴賤，而風水輪流轉。，說不定君氣數盡，淪為他鄉落魄人，遭人恥笑，難說啊！

三說：打拼賺錢，財多即為名貴，亦可過於風光日子。。諸君莫餒「常為者成，常行者至。」。，提出拼勁，錦繡前程正等著君呀！

第拾肆節綱論

人生六大期段發運期間概念。

▽節論綱要一：人生六大段發運期運及概況。

附一：為君發運六大段，第一段，兒童期，由1-12歲間，第二段，少年期，由13-24歲間，第三段，青年期，由25-36歲間，第四段，中年期，由37-48歲間，第五段，壯年期，由49-60歲，第六段，老年期，由61-72歲間，年屆70歲為古來稀。，君欲珍惜，好好把握，發揮其才吧。

附二：發運期間，頭腦發達清楚，處理「人事物。」生態業務作為，手法靈巧。。其間好過，但切莫搖擺，得意忘形，否則有事求人。，受及唾棄消遣，不以好過啊。

附三：各人發運期，雖說拾貳年間，但天數未定。。如官富一二代享盡一生榮華富貴，方已離去。，記錄所載，僅供參考，警惕於世，欣然以對吧！

▽節論綱要二：人生六大運，為啟世作用。。亦為必然性。

附一：「好花不常開，好景不常在。」，發運期間得以利益，說長即長，說短即短，曇花一現，比比皆是。。好好把握，並以低調，以防旁人見不得人好。，予以中傷，世道人心叵測，應以防患未然，警誡以對。

附二：何日發運，莫以放棄，「常為者成，常行者至。」，切莫氣餒，再接再厲，有朝之日將受肯定。。必然得以回報而發運，以及名利雙收效應。

附三：人生相對性，有付出即有所得，時機成熟，將可風迴路轉。好運來報，為君必然得其所願，而得及豐碩果實，回報也！

▽節論綱要三：人生盡人事聽天命，順其自然，遂然而為。

附一：理然，理道，默默作為，不計成敗，皇天不負苦心人，水洎渠自成。。人無多能，欲以遂然天機而為，切莫貿然枉為。，天公疼憨人，有心人終有發運的一天。

附二：人生發運，人人皆有份，鑑於未知何時發。。其關係及生活、行業背景，以及所作所為等因素構成。，盡人事聽天命吧！

附三：欲發運，為君是否有所準備，若無參兩參，如何上梁山。。肚子空空焉能走完路程。人人皆想發運，諸君謹記「成功不是偶然，勝利不是奇蹟。」，名言警訓。

▽第一段提要：人生六大段氣數起起落落，倘若運期怠過。。若欲起生回生，難也。

一說：人生二小運則一大運，小運則賦予經驗，即以磨練，大運則賜君大富大貴。。若未把握，付於東流，其機會不再，難以翻身。

二說：大運欲發，為君可視當際運勢，天時地利人和氣勢氛圍，其勢圍相當龐大。。諸君不枉「人生瀟灑走一回。」即待此機會，以畜而發。，君欲即時把握啊！

三說：運勢發達，為君俱以能耐及防備。。不然似於「曇花一現。」。，一切枉然啊！

▽第二段提要：人生六大運轉，諸君皆有機會輪及。

一說：諸君皆欲發運，是以待賈而沽，或以積極，並俱才華作為。。食米無從天掉，成功欲負條件，其倆者關係重大。，君莫以忽略準備要件。

二說：機會人人有，但欲有準備。。缺水，則欲積存所有，更以備桶裝盛。，不然焉能裝得運氣啊！

三說：聰明人尋找或創造機會，其皆欲經以一番打拼，方可構出發運大道生機。。絕無平白無端跑出運氣，讓君擁抱。

▽第三段提要：發達運期，難以預估，盡人事必有發光日子來臨。

一說：人生相對性，有付出必有收入。。發運何幾問君作為，無限付出，不問成果。，風水輪流轉，柳暗花明又一村，以饋諸君。

二說：大船慢發，即以甚長時間醞釀才華，而遲遲發揮作為。。予以引進運氣發酵，其運走翹將以持久。，予以發光發亮造福蒼生。

三說：六大運勢人人可及，諸君再以堅持一分鐘，將雨過天晴，陽光必然照射著你。。然而大船即載滿名利，朝君接踵而來。

第拾伍節綱論

「人事物。」生態業務作為，『知易行難，知難行易』意識靈驗效應概念。

▽綱論提要一：知易行難。

附一：繁複「人事物。」生態業務作為，應俱相當概念，方以行事順平。。倘若無以理念，又無概念。，作為唯恐碰壁。

附二：作為前夕，欲先以了解現場氛圍情況，而其狀況未明，又斷言其事簡易。。那肯定欲踢到鐵板吃緊，草率作為又急以作為將無善果。，構成不良效應。

附三：萬般業務繁複、深澳，其務作為皆俱專業。。事前端倪若無搞懂，唯難處置。

▽綱論提要二：知難行易。

附一：「人事物。」業務繁複，皆俱相當深澳學問，理念概念者皆明瞭其真諦所在。。知其難即懂得若何行使，依其所歸，按步就班。，識得意途將可駕輕就熟，達及目的。

附二：靈驗效應，經驗告知，即知曉其業務皆俱困難度。。首先預知現場全然狀況，探悉其中端倪，再以一一突破善了。，隔行如隔山，專業者則易於識解。

附三：知難行易，其意識已具基本概念，即未貿然而為。。亦於心理上有所準備，並備以專家顧問從容而為。，欲速則不達，完全準備即可全力以赴。

▽綱論提要三：繁複「人事物。」生態業務，為之專業理然理道善盡。

附一：「人事物。」生態業務作為，「不經一番寒澈骨，焉得梅花撲鼻香。」，然而，勝利不是奇蹟，成功不是偶然。。以及必須經以五大段學成洗禮，方可得以敖然成就，永佇於世。

附二：凡事作為，未知端倪，莫以作為，尤未斷言其善惡是非。。事宜發生，有必然成因，絕非空穴來風。，君務必知己知彼，方可達及事半功倍成效。

附三：事有必至，理有固然，唯天下智者。。乃能見微而知著。，希望諸君皆為智者，知其善為。

▽第一段提要：莽夫與未知者概念。

一說：魯莽，未知者，對於事務極為潛識，一者粗心，對於處理事宜，無以思維考慮，輕心浮燥，難以成大局。。二者其務皆無概念，業務作為零零落落。

二說：處理事務，莫以僥倖，碰運氣心態使然。。「人事物。」業務繁複深澳，是非分明，倘若依其作為。，肯定踢到鐵板而落敗。

三說：未知者，莫以裝能、逞強、愛面子，即誤及公司預算。。欲以專業經驗掛帥，不然將導致全盤皆輸慘況。

▽第二段提要：智者，知者概念，無奇蹟、無天下，知所其難，必然所為。

一說：智者，略懂事務，而「人事物。」業務邏輯，欲俱專業理念。。並以理然、理道作為。，方可完成美好差事。

二說：無奇蹟、無天才，無俱專業理念，莫以輕易嘗試。。否則構成頭髮試火不良效應。，以致血本無歸，全功盡棄。

三說：俱專業理念，而作為上南轅北轍。，其效應僅於事倍功半，敗北收場。

▽第三段提要：凡事作為知已知彼，達及善果成效。

一說：知己知彼，事有必至，事宜定然可達及作為目的。。理有固然，則道理必然俱真諦性，凡事若以理然態度，理道作為。，將可臻及功德圓滿，得以盡善盡美完美物品出爐。

二說：勝利不是奇蹟，成功不是偶然。。長城並非一天造成的，經以五大段學成洗禮。，以完成莫大成就。

三說：默默付出，用心經營，不積蹞步，不以至千里，不積小流，無以成江海。。積以微為成以大業，無可厚非道理。，莫計得失，將可水洎渠自成，必然行徑。知者智者，以及成功之道。。欲用心，用力默默開墾，再堅持最後一分鐘。，即可造出洋洋大道，憑君行駛。

第拾陸節綱論

人生拼搏，勝利不是奇蹟，成功不是偶然邏輯概念。

▽節論提要一：勝利不是奇蹟。

附一：戰場勝利，首衝其要，「知己知彼。」，預先探知敵方強弱、兵力佈置、誰與掌旗，以及裝備、現場、地形、地物、氣候變化等全然狀況掌握。。完全知悉對方敵情，然而衡量我軍兵力、士氣、裝備等實力。，可否戰勝此戰，所採取何等戰術，充其量不打沒把握戰爭。

附二：打勝仗不是靠奇蹟，其欲未雨籌謀，欲先蒐集對方軍情資訊。。備妥戰爭所須器材裝備，擇取主將，兵不厭詐，出其不意。，並以迅雷不及掩耳速戰速決，措手不及，打敗對方。

附三：備齊「人事物。」戰爭所須器才，並待佳機打贏勝仗。。其欲準備多少時候方可得取，諸君欲思維縝密。，打一場絕對性戰爭。

▽節論提要二：成功不是偶然。

附一：商場如戰場，圖謀商品勝算。。首先欲由自己打量出發，備齊能量，創造物品功能，俟以佳機出籠。，令對方防不勝防，措手不及而受敗。「生活很現實，現實很殘酷。」，不打敗敵手自己甚難生存。。現實殘酷人生，欲以優良商品打敗對方。，若何取勝，君欲相當謹慎而行。

附二：成功欲付出代價，猶如登山者景壯，商品立足於商場不敗。。欲經以打造改良精心盡力，方可受於肯定，廣受喜愛。，並永佇坊間不敗。

附三：長城並非一天造成的，經以五大學成歷練。。並以理然理道作為，予以打造商品基本五大功能效應，極大付出方得極良產品出爐。，諸君應以識得理念，成功並非偶然警訓。

▽節論提要三：戰場勝利，商品成功，為異曲同工邏輯論。

附一：勝利與成功，皆欲付出相當心思及準備功夫，以及佳機時候氛圍出爐。。倘若，一時疏忽將導致一錯連三錯不良效應。，君欲銘記，好的開始即成功一半。」。

附二：人生類似一場大戰爭，欲於戰場取得勝利。。或商場上得取商品成功，並非三言兩語半調子可得逞的，其必然經以百戰沙場，得以經驗精髓所趨。，予以創造精品出爐。

附三：普天下大道理一條，為理然理道作為。。依此真諦即可克服「人事物。」生態業務所作所為。，君若遵行其為，將可創造鉅世成就。

▽第一段提要：勝利非於奇蹟。

一說：奇蹟為謬言，天底下「人事物。」生態業務作為，皆俱規律，裡中暗藏諸多玄機使然。。諸為中倘若無以遵循，必然慘敗遭及淘汰或天譴。，而諸君作為中應有所節制，以防敗北。

二說：戰場勝利，欲以知己知彼優良裝備，備齊人才，方可得於勝算。。並非紙上談兵，三言兩語而取勝。先機、天機即戰場上所展露良機，其機浮現可謂天賜機會。。應以即時把握，其若曇花一現不常在也！

三說：戰場狀況氛圍為活態，變化難測，俟於良機出現，蓄力以發。。且亦「不戰而屈人之兵。」良機優勢把握。，莫以急攻，淪為事倍功半，全功盡棄，構成不良效應。

▽第二段提要：成功不是偶然，欲付出代價的。

一說：商場競爭異常激烈，倘若「人事物。」生態業務，無以突出作為，難以立足。。欲達及成功指標，極難成局。，不經一番寒澈骨，焉得梅花撲鼻香。

二說：事在人為，欲成功，「人事物。」生態業務作為欲靈活健全。。然而以五大基本商品功能，敖然成就打敗群雄。，成功即在望，而商品功能新穎突出，天機不可洩露，未問市前，萬莫風聲走漏，以防遭仿，損及利益。

三說：欲付出方有收入，成功欲付出代價。。為別人所不及，吃得苦中苦，方為人上人，再接再厲，堅持最後一分鐘。，即可締造出敖人成就。

▽第三段提要：戰爭勝利，商品成功，理然理道作為，即可馬到成功。

一說：勝仗、成功皆欲相當付出心血，然以理然實在態度，並以理道六大原則作為。。即可水洎渠自成，馬到成功指標。

二說：莫以奇蹟、偶然心態妄為，天下沒有白吃午餐。。得取食糧，欲以播種，並欲細心照料成長，方可取得飽食。，君欲一番作為，未枉人生瀟灑走一回。

三說：俱才華，並以理然理道而為，將可打勝仗，取於成功。。拼出敖然成就，永佇於世，供及詹仰。

第拾柒節綱論

大自然、生態、業務主軸，「人事物。」三者理域體系邏輯概念。

▽節論綱要一：人理。（道德觀、理性、能耐。）

附一：為人經以「人事物。」三者理學洗禮，即俱理念將可理性處置其務。「人事物。」三者皆俱相當深澳理域。。為者深知肚明其理眉角，方可如意運作。

附二：經以家庭、學校、社會，專業教誨以及經驗精髓吸收。。增長諸多學識，譜出動人悅耳樂章。，迷惘眾多粉絲。

附三：人俱才華。。「聚培塿為巨山，積小流成江海。」，鴻海大量，即視野廣闊。，將可大大造化成就，供獻於民，更晉「人理。」效應。

▽節論綱要二：事理必至，方可完其作為。

附一：「人事物。」生態業務為其必經路徑，作為若無預先經它洗禮，極難成局。。事理順遂，將可順理成章。，完成任何事宜。

附二：智慧經驗者，方俱事務理念，其務思維倘若微角瑕疵。。極可能釀成大禍，切莫大意失荊州。，詳細識解端倪，莫道一點點而已，事宜發生皆於此椿，以致擴大。

附三：事前妥善，周全事理情節設計，反覆不同角度，觀察思維，方可視出其中端倪。。了草施為，作不出好的善果，事有必至，理有固然，唯天下之智者。，乃能見微而知著。

▽節論綱要三：物理。物善其用，合乎理然邏輯。

附一：物有所用，方以構得，然而俱以基本五大功能。。符合當際消費者傾心，愛不釋手，廣及善用。

附二：物品俱於五大基本功能效用，一、強固能體，二、應用能體，三、藝術能體，四、新穎能體，五、經濟服務。。俱全然功能，方可符合當今消費者須求，社會透明、資訊發達。，未盡理想物品，必然遭及淘汰。

附三：時代進步，須求物品質能亦提高許多。。倘若皆維持此況，將可永佇立於不敗之地。，必須堅持，若以狗頭老鼠耳，必將淘汰，陷入彈盡糧絕慘境。

▽第一段提要：人俱理念、理性，非理性而為，為一念之差概念。

一說：俱理念者，原則上之行為將以理性善行。。但若干人受及利益薰心，即喪失理智、執迷不悟。，誤入歧途遭及天譴，諸君應以謹慎，有所節制啊！

二說：理念者持之理性而為，方於合乎「人性。」真諦。。是非行為出於一念之間，該為則為，不可為莫為。，諸「人理。」有所分寸，以免因小失大，搞得不好收拾。

三說：「人理。」即作為上基本道德觀念，若無具此概念，行為上可能有所偏差。。倘若思維、作為出現『失之毫厘，差距千里。』狀況。，局面即難以收尾啊。

▽第二段提要：「事理。」健全，事務必至。事理健全即可作用。

一說：健全事理將可圓滿造福、造就、造化，「人事物。」生態業務作為成就。。但若無俱實真諦，缺理情況下，其務極難完成。，周全設計圖，方可構出美好完整建築物。

二說：健全事理，則必然，事有必至達及目標，而歪理瑕疵，必然難以成局。。籌謀規劃「事理。」周全，以完成『人事物。』生態業務構案。，其務錯宗複雜，倘若浮現理務未全，將荒腔走板，導致零零落落局面。

三說：大自然若般生態，皆以理然理道而行，諸君作為欲以遵行。。倘若悖離作為，將引發偌大不良效應，得不償失。，君欲詳細評估，善行為妙，不然後悔莫及，為時已晚，唉！

▽第三段提要：物品。物盡其用，但必俱五大功能效應。

一說：物品製造欲俱基本五大功能效應，若無其效能，終遭淘汰。。當今商品競爭激烈，社會透明，資訊發達，而消費者極為聰明。，無比能體，莫可永存。

二說：美好物品永遠受及喜愛，若何造出極品，應以盡心盡力、多角度，反覆觀察其中端倪。。欲以時間磨厲，方有優良商品問世。，謹記，長城並非一天造成的。

三說：當今社會生態造物，形形色色、五花八門。。造物者遂雞起舞，出產諸多良劣不齊物品，而難有真品存在，其難長存。。欲打敗群雄他物，並非難事，俱齊才華，並以理然態度、理道作為。，即可手到擒來。

第拾捌節綱論

作為抓訣竅，談話著重點概念。

▽節論綱要一：作為抓訣竅，視眉角著重生死門。

附一：繁複百門作業，皆門門有竅，而門術構物若無以掌控，其為中將呈現禿鎚走樣，以致荒腔走板尷尬場面。。事關重大，可大可小，勿以小覷，諸君不明「人事物。」生態業務端，莫以輕易嘗試。

附二：訣竅與眉角，是經以五大學習歷程中，所體會洞悉吸取的，非於三腳貓可以作為。。其竅可增進工作進度及展現物品欣賞度，並得於事半功倍效應。，人人皆可仿效為之。

附三：「洞悉生死門，止步於門外。」，未明『人事物。』生態業務，皆面臨其此窘境。。欲越雷池一步，唯恐身陷泥沼，難以脫身。，諸君知己知彼，勝算屈大，方以作為。

▽節論綱要二：談話著重點。（先發制人，觀察對方、周旁臉色，言多必失，防遺破綻被抓包。）

附一：談話著重點，言多必失，並顧及周遭氛圍，以防受及設局影響。。以預先準備題材重點談論，以防被套、節外生枝。，把柄被抓，陷入癱局場面。

附二：觀察眼色、先發制人，以防遭及窮追猛打尷尬場面出現。。提氣壯大，莫遭對方乘虛而入，陷入僵局，知難而退，晉以摸清對方，來日再談。，若以堅持，於事無補，唯恐不利。

附三：精明能幹，知其氛圍，並適中挑明事理。。以置對方說不出話，方為上策，不著邊際胡言一堆，於事無補，受辱於愧。，不談亦罷，收兵可好。

▽節論綱要三：作為、談話皆俱重要性。

附一：事務作為與談話內容，皆俱其重要性，事前應以下足準備功夫，以防禿鎚，礙其業務。。無以備齊難成所須要素，為者應以重視。，以免功垂名墜，不良效應。

附二：為者欲對症下藥，以完成其必要性，而眼欲看遠，作為欲踏實。。大自然生態業務，皆以此為出發點，而作為以及談話，應以謹言慎行。，更以大自然生態為典範，關愛眾生。

附三：大自然生態行為偉大，雖未能話說內容，但皆以「萬物歸宗，萬理歸原。」為態示。。作為談話欲於此為依歸，莫以亂套。，以免悖離其生態真諦所惠。

▽第一段提要：作為訣竅，物品眉角。，並識於生死門，莫以犯忌。

一說：作為抓訣竅，達及事半功倍成效，人人應以仿效而為。。若以悖之，事倍功半，並落於零零落落殘局，諸君應明瞭其務作為。，未明者，莫以輕易遂意而然。

二說：「人事物。」生態業務作為，注重眉角收尾部。繁物構為，皆注重收尾，其不可生澀狀況產生。。物品架構之收尾部異常重要，美好人事物人人愛，其關係及看者心態，以及存沒關健。，物盡天擇，不良者終遭淘汰出局。

三說：著重生死門即不可犯忌。「人事物。」生態業務作為，即可為亦不可為，強為者可能犯忌，誤闖生死門或天條。。形形色色作為皆涉及利益等因素，莫以貪急或逞一時之便。，以及頭過身即過，僥倖心態予以妄為，得不償失。

▽第二段提要：談話，一言不重，千語何用，深明大義，方可得心應手，善以談論。

一說：談話當然著重點，一者，省時、經濟效應，二者，防於言多必失，三者，立於制人成效。。欲記得尊重對方，方得尊重。，不著邊際，胡言亂語遭人唾棄。

二說：理然態度，真諦而言，立己威望，氣生敖然，提高士氣，以防被貶，並立於不敗之地。。自主意志力勉為自己，大大提升浩然雄氣。，諸君為中欲看得起自己，他人自然未以藐視。

三說：談論中若格格不入，或不中聽，應以知難而退。。強行者，唯恐反效果，識得全然狀況，進而知彼，適中下懷。，以利來日對談。

▽第三段提要：作為要素，談話間，皆俱相當重要性，莫以輕忽。

一說：話出真諦，理然態度，人人敬之，而輕言不敬態度，人人唾棄。。為敵是友，因故對談，禮貌相對，相互尊重，並保持君子風度，尊敬於人，人以尊敬，未敬者敵視相對，以致全盤皆輸。，莫然而於事無補，全功盡棄。

二說：作為抓重眉角，乾淨俐落，達及事半功倍效應，並可效進產品，以致消費者喜愛。。反之非善作為，拖泥帶水，遭人唾棄，導致消費者不買單。，物品滯留公司、倒閉、老板跑路。

三說：作為，談何於生態中，為何等重題。。兩者應以謹言慎行，以免降於身份，落下不良形象。，遺留終生。作為不善，再以修飾或重生。。但犯忌誤入生死門，將無可挽救，諸君應以謹言慎行。，莫踏入歧途，引火自焚。

第拾玖節綱論

坊諺，菜腳咬蟲菜腳死。。腐肉啃盡，蛆蟲滅警論。

▽節論綱要一：菜腳咬蟲，菜腳死。引以為鑑，人類生活斷莫若此生態處世。

附一：菜蟲寄生於菜腳啃食生活，當噬盡生菜腐葉為止，其蟲遂及滅亡。。人類若亦似般生態而活，即致悲哀不幸。，鑒於生存，應以變巧，克服生機，立於不敗之地。

附二：人類賴於環境，及以單一商品生活，倘若其境變遷，以及商品流行風潮時過。。君欲坐以待斃，或另闢生機呢？

附三：人生多變生態氛圍，為君欲以「防患於未然。」心理準備，以及臨急備用資金。。人無遠慮，必有近憂，莫僅觀望眼前，時以掉頭過往作為。。時時備以明日之須，否則樹倒猢猻散，無人理會，孤苦伶仃，悲哀嘆苦。

▽節論綱要二：腐肉啃盡，蛆蟲滅。

附一：巨大腐肉，亦將吃得精光。。如再多財富，亦將坐吃山空，若無其他打算，則將坐以待斃。，平時不燒香，而臨時抱佛腳，不然也！

附二：為君處於大自然生態，意存戰戰兢兢思維生機，而作為上欲以未雨籌謀備之。。方以安然渡過生計無慮。並完全負起人生兩大意義俱全。，莫以辜負大自然所賦責任及美意。

附三：人生若以吃盡山空坐以待斃，何談其意義，亦枉為人生瀟灑走一回真諦領域。。為君，莫以吃空待斃心態，欲負起人生意義。，走完漂亮美麗人生旅程吧！

▽節論綱要三：菜腳死與蛆蟲滅，似等危機意識論。

附一：菜腳死提示，為君欲另闢生機，而蛆蟲滅莫可坐吃山空，坐以待斃。。防患未然，為諸君首要思維生計，君欲漂亮尊嚴，士可殺不可辱過活，以渡全人生美好日子。

附二：有心者，即可柳暗花明又一村，天無絕人之路，只怕無心人。。人生事與願違，難逢遇不如意事務處境。，絕壁逢生，欲以堅持，即可雨過天晴，再造生機。

附三：「人事物。」生態業務作為，諸多踢到鐵板事例，諸君是否卯足全力而發。。萬般作為莫以身處二境，而一心兩用，未適分心全心全力以赴。，即可馬到成功。

▽第一段提要：善變生態，諸多行業類似，菜腳咬蟲，菜腳死現象。

一說：菜腳死，為公司行業帶來警訊，諸君應以戒之，平時作為有所警惕。。防患未然、有備無患將得百年福，無以備之，捉襟見肘窘境。，日子難捱呀！

二說：防患未然而未雨籌謀，將可安然渡過，化險為夷。。將於絕境逢生，立於不敗之地，諸君，欲預以規劃。，切莫平時不燒香，臨時抱佛腳，為時已晚矣，

三說：萬般現象，諸多公司商家，經營不善，或改行等因素色變，不外乎經濟、資金、借貸無門，而公司甚難經

營。。遭遇若此情景比比皆是，而此無他法，公司平時即應備有資金以對。，以防不測須求。

▽第二段提要：腐肉無，蛆蟲滅。

一說：偌大財富若無善以經營，亦將坐吃山空。。警惕於心，莫待危機浮上，方以作為改善，預先防犯即可消除一切困難。，防患未然成效，勝於治療效果。

二說：經濟大風暴、景氣蕭條、不善經營，將大大打擊公司營運狀況。。受及沖擊，公司可能財源短缺，導致收支失衡。，負責人即跑路尋短，諸君欲放遠眼光，切莫僅圖眼前利益，而因小失大。

三說：諸君行事作為，莫持僥倖奇蹟心態。。而忽視小孔衍至大孔而潰堤，雪球由積微成巨。，以致巨極而發生氣爆效應，波及諸眾「人事物。」生態業務敗北。

▽第三段提要：菜腳死，蛆蟲滅，警惕諸君應於事前，防患未然，以防不測。

一說：其死滅為警惕作用，為君應銘記於心。。莫頻臨危機方以捉襟見肘窘態以對，平時不燒香，而臨時抱佛腳。，此為難以完成宿願，遲也！

二說：萬般作為，皆欲事前預謀，成局再以出爐，急為無好果。。欲速則不達，尤以「事與願違。」事例，諸君應以謹慎，周全縝密思維，方有美好成果。

三說：大自然生態法則，理然態度、理道而為，將可一一突破重圍關健。。作為皆俱時間性原素，莫以急燥，事前充足準備再以出爐。，事在人為，洞悉全盤端倪，即可圓滿處理，並消除危機存於。

第貳拾節綱論

「人為財死，鳥為食亡。」，人生有得有失，則有失有得，休咎、造福、積德邏輯概論。

▽節論綱要一：人為利益而活，舉天下人類出生即為著生計奔波，以及兄弟爭權奪利相殘等事例。

附一：人為利益而活，但古云：「求財恨不多，而財多害人己。」。。取財若不當剝奪，或取不該取的，以致巨富，唯恐遭及天譴。，導致身敗名裂，構成不良效應。

附二：得財別於明與暗，又別願及不願。。倘若，得於正當性，以及情義方面，即另當別論，錢財人人愛，但諸君應以斟酌。，以免落得一身腥，則終身難以洗淨。

附三：盜之有道，莫為利慾薰心，而迷惑喪失理智妄為。。錢要跟人尤其重要，強得易拿易失。，勸君莫為錢財，搞得「豬八戒照鏡子，而裡外不是人。」。

▽節論綱要二：人生作為，有得有失，則亦有失有得概論。

附一：「失之東隅，收之桑榆。」，諸多事務作為中，難免某方有得，某處有失，亦未能事事得意，處處賺得。。雖為有得有失，但失落跌倒中，即得取若干教訓經驗。，成功是建立於失敗作為上，諸君應銘記於心。

附二：莫懼跌倒、失敗，得於寶貴經驗心得來日再拼。。無經失敗過，焉得經驗，更難以取得成功之鑰。，「不經一番寒澈骨，焉得梅花撲鼻香。」。

附三：人欲經以不斷修練，方以成長，而成長作為中難免起起落落。。與其過程中得於敖然學識，以創造偉大成就。，供於諸眾讚揚，予以效法名留千史。

▽節論綱要三：人生休咎、積德、造福蒼生以致生生不息。

附一：造福者即可得於回報。。人生相對性造化眾生，即可積德自己，人在看、天在看，得失兩椿君莫過重，盡人事聽天命。，吉人天相，付出者老天將以扶助。

附二：造福蒼生，以致生生不息，亦對得起老天恩澤。。殺孽過重莫為，見好即收，天有好生之德。，放下屠刀立地成佛。

附三：造福積德，雖未能即時回報，但亦為時不遠。。諸君，順其自然，遂然而為，順應天命一切莫以強求。，好善者，皇天不負苦心人，為君將可得及該得成果。

▽第一段提要：人人為財，天經地義。

一說：有錢即有勢，有錢能使鬼推磨，錢亦產生靠山作用。。當今現實社會，利益掛帥，但有時錢亦使不上力。，如戰亂時期，錢有用嗎？再則錢能買到真情嗎？錢能買到寶貴人生經驗嗎？為君莫用錢糟蹋人，並以謹記，富貴莫可超越三代喔！

二說：有錢真好，但欲加以善用，恰到好處。。倘若錢能花在刀口上，以善於救人，即可大大提啟人生意義。，大善人鋪橋造路，受及尊仰，守財奴人生過得意義？

三說：古云：求才恨不多，但財多卻害人己。。為君行為上是否檢討從量過，否則那一天「兵敗如山倒。」。，『樹倒猢猻散。』遭人唾棄，面臨淒慘場面。

▽第二段提要：人生拼鬥，難免有得有失，但失去中亦將有所得取。

一說：人之所以創造浩然業蹟，即由失敗中吸取寶貴經驗，予以磨練，以致成於氣候。。挫敗經驗大大提升領悟、識解力、警覺性，再以體會如何將以事修飾完美。，日後漸於壯大精幹，造就出敖然成就。

二說：繁複「人事物。」生態業務作為，以及『事與願為。』等等因素情況下，難免出現有得有失事例。。若何降微失去度數，事事應有明確管理辦法，並一一屢清情節。，作為中應詳加記錄明細，而每道關節、數據，皆欲記載清楚，使然動作亦應節制，更莫於遺漏半滴水量。

三說：冥冥中似乎有所註定，諸君應「順其自然，遂然而為。」，莫以計較過深，該君得孰亦無可取代。，而非爾的，莫以強求啊！

▽第三段提要：人生應以休咎造福蒼生，生生不息。，心情安然，紓以渡過。

一說：造福蒼生，積德於身，並遺愛人間，何樂而不為。。天有好生之德，人有惻隱之心，以致社會更為美滿。，若似百花綻開，迎接未來盎然生機。

二說：社會生態，欲諸多造福者，供德造化眾生，以彰顯美化美命人生色彩。。若以沒德行為，即危及生態，大大不可為。，而其生將陷於沼澤，難以脫身，罪孽深重啊！

三說：人生短暫，莫以留白，而善惡僅於一念之間。。偌大財富只不過數字遊戲，而非善行為臭名萬世。，人生過得有意義嗎？

第貳拾壹節綱論

「人事物。」生態業務作為，五大真諦程序『觀其象，索其形，緣其理，知其情，善其為。』邏輯概念。

▽節論綱要一：觀其象。

附一：對於「人事物。」生態業務作為發展動象，以及現場作用狀況。。為一番明確觀察思考，以了解判斷其真諦性。

附二：事故發生，未於空穴來風，總有蛛絲馬跡可尋，凡走過必留下足跡。。由現場全然狀況，以及所顯示型狀。，作全盤推理至極，了解見以真章。

附三：「人事物。」生態業務現場設置概況，由須求作用角度思維，確認現場發展趨勢。。為統籌思考。，推理判斷真實必要性，現場欲以長短距離，反覆觀察以確真諦性。

▽節論綱要二：索其形。

附一：事故發生，必留下痕跡，以及發展趨勢形狀。。再由其情勢思維判斷走勢，即可探知真跡動向。

附二：形狀發展趨勢動向模擬，如圓體物易滾，高立體物易倒，方型體物易動，三角體物穩固。。於此類推即可斷定出構案具體概意。

附三：即可按其事故邊緣線，隨體詰詘擬搆出具體形狀圖示，斷然判定發展搆案真象大白。。尋跡查緣恐難順遂，當可多以時間數次反覆。，即可見於真章。

▽節論綱要三：緣其理。

附一：當明事故發展趨勢，將可判定其原諦事緣。。知悉明白其中發生緣由動跡過程。。全盤搆案內情真相已八九不離十。

附二：全盤案情來龍去脈，分支走線即以明瞭於心，再以一一解析案情所俱情理原委。。明悉其諦道向，真章即於明朗。，亦一一解破情理所在。

附三：各俱理道真相大白，予以統籌整體搆案，來龍去脈案情原委真諦。。完全全然明白其真情實況，其情節是非曲直即歷在目。，道理架構於一前提「理然態度」理道六款原則「公平、均勻、實質、延續、創造、透明」所拱起締造的。

▽節論綱要四：知其情。

附一：全然了解道理真諦真相，即可知悉其節內容。。案情情發展，涉及層面甚廣，為君欲多角度全方位分析解剖，其中端倪真章所在。，萬不可盲然急燥斷其事為。

附二：事故發生複雜、發展多元化，探知其情，欲謹言慎行，莫以急促、貿然而為。。探知內容莫以張揚顯目，天機不可洩漏，風聲走漏前功盡棄。，完全掌控、因應自如，方可出爐作為。

附三：知其情，如何運用，何時出籠，欲視時機適當而「過時賣日曆。」不當。。以免公佈影響事宜效果，處事眉角欲以多角度思維。，待於時機氛圍成熟，再以「人事物。」生態角度衡量，適當適時而為。

▽節論綱要五：善其為。

附一：繁複「人事物。」生態作為，欲如何收尾完美，學問極大。。其為欲以全方位並多角度觀察、衡量事故輕重。，切莫了草敷衍了事。，善為後，欲以穩固，不留尾巴遭人消遣、唾棄。

附二：量力而為，莫信口開河、胡言答應，為事角度涉及廣泛，忠孝難以雙全。。以情理法，並以理然理道為著力點，方可至善至美完成美好。，「人事物。」生態業務作為。

附三：理然實在，理道而為，方可善其為，完成美好作品。。草草而為、交差了事，其果不彰，可能留下禍根，來日東窗事發，將波及無辜蒼生。，引發不良效應，害人又害己。

▽第一段提要：「人事物。」生態業務，現場狀況探知，一、人物，二、事務，三、物品，外貌、外觀動作觀察端倪概況。

附一：人為動作外貌觀察，即可判其心思作為，除非眼閉靜坐於無爭議處所。。倘若，為君欲為任何行為，即由外型軀體、動作、眼神凝聚。，斷可觀出其然端倪。

附二：事務觀察，了解作為，欲以多角度、長短距離明察秋毫。。欲以有關事圍切入，再沿線尋跡事發動機，分析解剖、抽絲剝繭。，斷可履出真相。

附三：物品置於觀察入微，一、外表是否受損，二、何故置於此處，三、此物與搆案具何關係，四、來自何方，五、此物俱何效應，六、物品具何意義、動機、動向。。等等焦點皆應查明真相。，方可知悉整體構案端倪。

▽第二段提要：索其形，事故發生情形，具形具狀，且浮現緣幅線徑，倘若欲為「人事物。」生態業務，當可隨體詰詘構劃出具體緣線動向。

一說：將事故發生地點具形具狀，而將緣線構劃出具體形狀，即可顯示出整體事務真諦性。。或亦可將設置「人事物。」要務，隨體詰詘構劃出具體形狀。，以供作為思維參考。

二說：事態形狀趨勢，可代表顯示其務作用真諦性。。事宜具形具狀設計出，亦未能完全適用性，其欲經以多方面思量審核。，確立可行性方以出爐。

三說：事緣發展形狀之幅線，將可判定其作用走向。。君欲確確實實作為，不然失之毫釐將差於千里。，之前所作所為前功盡棄，全盤皆輸慘狀。

▽第三段提要：緣其理。推理至極，知悉其事務合理性。

一說：事有必至，理有固然，萬般作為皆欲俱理性。。當悉作為走線即可分曉其善惡與對否，理有固然，但事為未必至及。，其中變化萬千，君俱理智即可對然。

二說：道理定然，形為中欲以理然思維，方可臻及定然真諦。。有形或無形皆俱內心，及作為道理存在，否則「人事物。」生態業務作為。，難以成局效應，為君應明理盡善。

三說：「人事物。」失態業務作為具形具狀，斷其理將可明瞭是非情節。。亦顯示內容因素存在，判斷於趨勢走向。，即可知其為、善其事。

▽第四段提要：知其情。探悉真諦真相，欲以全方位並

多角度，觀察其中端倪。

一說：道理顯示即明白情節，即將牽引諸君知悉全盤搆案內情、作用走向。。「人事物。」生態業務搆案，重點於利益優先考量。，但欲衡量全盤作用輕重，以妨礙於全局發展。

二說：大自然天數具概數，無定數，諸君探知事故情節欲以默然態度。。知其情應以有關關健角度切入，應懼事關擴大遭以掩蓋。，為君欲謹言慎行，以免風聲走漏，落於全盤皆輸窘境。

三說：知其善變「人事物。」生態業務作為，欲以全方位並多角度明察秋毫。。欲速則不達，事態演進總有程序。，並未諸君可為所欲為，切記吃急打破碗。

▽第五段提要：善其尾。事故如何收尾善為，欲以全盤來龍去脈作一番探討。，再以從善事為，但欲面面俱到，難也！

一說：收尾角度見仁見智，褒貶不一。。若以理然理道而為。，諸君必然啞口無言，默默欣然接受。

二說：收尾欲以情理法三則為優先考量，然而再以環境、周遭氛圍等因素思維切入。。物品易造，人事難喬。，大公無私，就視為君智慧善為吧！

三說：百密一疏，世無完物，「人事物。」生態業務作為，欲臻及百分百效率，難也。。盡人事，繁複百務，似乎有所注定，勉強不得。，順其自然，遂然而為吧！

註一：沙場演練，推理至極，遂緣追及，抽絲剝繭，分科別目。，是非分明，便可知曉。

第貳拾貳節綱論

太空、宇宙、太陽、星球暨地球、海洋、巨山、動物生命，以及財富建築物、業務成就。，皆由微細原子體積微成型，以致成為巨大成就產物邏輯概論。 此一理論與國家地理頻道歐美科學家所報導相同。

▽節論綱要一：太陽誕生概況。

附一：太空混沌景狀，為陰陽電子及諸眾原子體，瀰漫所構成的。。開端電子體極為細微，經以同性相吸，以及時間打造，致使日益壯大。，其體亦遂即蘊藏著相當能量而致成熟。

附二：電子體壯大成熟即產生作用發酵，其陰陽電子構成消長效應。。以致相碰暴電而發生大爆炸，遂即創造宇宙誕生，同時產生諸多火焰、火烟，燃燒著諸眾物質原子體。，致使其火更為猛烈巨大，遍野燃燒著宇宙而增大。

附三：宇宙巨大火烟，遍野燃燒著，即時際亦構成同性相吸相應。。其火勢之浩大即將陰陽火烟搜集成為一座相當浩巨大大火球，然而經以一段漫長時間燃燒沉積，其火勢逐漸穩定而成熟。，而誕生了超然偉大「太陽。」，其內部亦遂即發生『陰陽消長對應』現象，由因陰火較為弱勢受及排斥，即遭及驅逐出境，踢出圈外。

▽節論綱要二：星球成立概況。

附一：當大爆炸後，巨火所燃燒諸眾原子體，即化為更細微灰燼四處飄浮著。。宇宙所蘊存能量發揮作用，並將諸眾同性物質原子體。，旋構聚合成一個球狀體，加以時間打造，而日益壯大成為一座偌大星球。

附二：星球成立欲經以數億年間、時空打造，並非突然而一時間併成的。。宇宙各星球裡中，蘊藏著諸眾各異物質能量。，以及各星球巨微份量不一致旋立著，其類似人類萬般事務所具不平氛圍，各有立場，勉強不得啊！

附三：偌大星球，欲備齊無可想象諸多材料構成，以及更為巨大空間能量造就的。。度量巨大方有宏偉業蹟出爐。，無以超然思維空間，難以構偌大產物，諸君應以斟酌思量。

▽節論綱要三：地球成立概況。

附一：陰火遭及踢出圈外，即離於太陽間一段作用距離處，另起爐灶，遂即將陰火搜集為一火團。。陰火圈外熱力吸收效應，以及宇宙能量發酵。，即以灰燼將陰火圈一層又一層團團包住，於是成立了地球。

附二：地球成立之初，經以一番燃燒波折等演化歷程方於穩定。。萬般「人事物。」生態業務作為開端，皆欲經起『萬事起頭難。』。，創業艱難，欲以奮鬥打拼，待於事業有成，然而享其成果。

附三：地球積存水量，是以逐漸式，由微量增進為巨量。。水份固定存處，時機成熟生命方以萌生。大自然生態皆由微數創起，並經以時間醞釀打造轉化成巨大作為。，而以發揮所能。

▽節論綱要四：海洋成立概況。

附一：宇宙巨大燃燒諸眾原子體，即產生諸多水蒸氣，因而化水成雲狀飄浮著。。大爆炸後宇宙蘊存著相當能量運作，其雲氣即與飄浮灰燼混為一體。，成為飽水彗星以及雲體碰撞地球落地，成為當今浩巨海洋生機盎然景象。

附二：海洋聚集宇宙所有水氣，而成立了浩瀚大海水，水中蘊藏著陰陽能質。。生命開端先由水中所竄起，而後再以逐漸演化發展於陸上，以致天空。，無水狀態，萬般動植物等生命，無可生存，亦無任何生機存在。

附三：水之顆粒異常細微，萬物吸食，唯有水份可滲透人體骨髓。。人類飲水欲過於縝密，過慮手續處理。，方可飲得健康，其水若無絕對淨質。，常以吃飲將生出諸多病變，諸君切莫大意失荊州。

▽節論綱要五：巨山生命體成立概況。

附一：岩漿不斷打造培壞小山丘，日久並拱起浩巍巨山。。積微成巨，並創造偉大成就。，而積能成才，為大自然生態定然法則，諸君欲以仿效之。

附二：生命是由陰陽因子交配，並經以孵化歷程，待於成熟方以誕生。。生命起源發酵與大自然造化萬化同一道理。，皆由細微原子體所供起的，並非一蹴即成為某物或巨大軀體來。

附三：除地球外，其他星球並無生命存於。。太陽無時無刻提供陽能於地球吸收，並與陰能交合。，以致造化萬物生命，他球無此條件，何謂生命之有。

▽節論綱要六：財富、建築物、業務成就，皆由積微成

巨概念。

附一：財富是由積少成多累積而成的。。一時得以暴富不知所措，唯恐失財害己。，其財還是不得為妙。

附二：建築物建構材源，是由細微原子體鑄造成體。。以併構巨大建築物。，記得其物欲俱「五大功能體。」，以發揮效用，方可受及愛戴。

附三：業務成就未於空穴來風，其要經以細微動作。。並經五大學習歷程德成的，「不積蹞步無以至千里，不積小流無以成江海，騏驥一躍不能十步。，駑馬十駕功在不舍。」

▽第一段提要：太空混沌構材，創造宇宙，造就太陽概況。

一說：混沌景狀，致使陰陽電子暴電，而發生大爆炸，產生諸多陰陽火烟，燃燒諸眾原子體。。以致創造宇宙，然而諸多因素即構成宇宙增巨不少。

二說：大爆炸產生諸多巨火，四處燃燒。。宇宙偌大火烟其火勢之強巨，難以想象予以形容。，經以相吸相應，其火烟，逐漸相聚為相當巨大火球。

三說：太陽成立是由細微原子體構材所提供。。其材取之不盡，供以繼續燃燒。，方可產生源源不斷火團，而成立當今超然巨大「太陽。」，以照應萬物生命，以致生生不息景狀。

▽第二段提要：同性物質原子體，打造星球概況。

一說：大爆炸巨火燃燒諸眾物質原子體，以致灰燼飄浮。。大爆炸後宇宙產生諸多能量浮漫，然而將以原子體同性相吸效應下。，逐漸將以旋構打造成為一座巨大星球。

二說：各星球之成立，皆俱各異物質原子體所構成。。物質相聚定律「同性相吸、異性相斥。」，星球組織各俱相當能量盤據。，因與地球相距甚遠，不易取得，否則將可助以人類大大福蔭。

三說：星球成立何於球型，宇宙蘊存諸多能量，加以同性相吸效應下。。即構成旋力作用狀態，致使星球成立之初為消微底狀。，以致逐漸中肚擴大，當星球成熟，即亦消索成頂突狀態。

▽第三段提要：太陽造就地球概況。

一說：陰陽火相聚為大火球，成立了大太陽，其內部燃燒極為激熾後。。火勢化為穩定成熟，同際陰陽火即以分裂。，因陰火弱勢，即遭踢出圈外，另起爐灶。

二說：地球陰火核成立之初，勢圍較弱，於是太陽能量無時無刻供及造就照應。。致使地球日益壯大成熟，以致成為超然生機景象。

三說：地球與其各星球成立歷程未盡相同，其原子體灰燼圍裹其火核。。因受火勢阻礙遲遲未能成型，待以一番效應催促，方以成果。，然而建立一座超完美星球，並經以長時間折騰波折，造化了諸多萬物生命，以致盎然生機景象。

▽第四段提要：地球、海洋成立概況。

一說：火團及太陽火成立之初，燃燒諸眾原子體，致使產生諸多各異灰燼。。同時產生諸異氣體，即與灰燼混成為飽水彗星。，飛竄撞擊了地球，以致構成海水概況。

二說：雲狀為火團燃燒，較薄水份氣體構成的，其為四處飄浮。，碰觸地球轉化成水份，淹及地殼狀況。

三說：飽水彗星以及氣體雲狀，碰擊地球轉化成諸多水量，淹及地殼。。構成浩瀚海洋，以致海水造化諸多各異動物生性出爐。，然而生生不息、盎然生機永立不衰景象。

▽第五段提要：巨山打造成立，以及生命誕生概況。

一說：巨山成立起源，是由細微岩漿液體累積成小山丘，繼以增大成培塿。。然而集聚積為一座巨山，其之成立、成長以致巨大。，欲經以打造等諸多歷程，方可成熟、永立不搖。

二說：生命是經以細微精液，成卵孵化等過程，並以時間所打造出爐的。。並非空中或地下憑空捏造出來的，生命俱兩大意義。，得來不易應以多多愛惜。

三說：生命脆弱可貴莫以糟蹋，當今世上偉大成就。。皆以寶貴生命所打造創立的，諸君應以善待。，日後國家、社會精英，人不可貌相，海水不可斗量。

▽第六段提要：財富、建築物、業務成就，皆似長城一塊一塊磚頭堆積而成的。

一說：財富憑靠能耐所得，問心無愧，假以時日並可飛揚常為巨富。。盜之有道，人情財尚可斟酌，財富所得應以積少成巨，方為穩固，一時暴富非福也！

二說：建築物構材，由細微原體鑄造構體，拼裝為巨偉建築物。。諸君應以銘記，其物欲俱五大基本功能效應，方可符合消費者愛戴。

三說：功名成就，欲經以五大學習歷程，方可取得其中精髓，造化創造豐功偉業。。其取得過程何等艱辛，是由汗水心血一點一滴。，並經長久歲月累積所拱成的。

第貳拾參節綱論

大自然定然生態，「蘊所能，發其才。」，人類應以效法、效應概念。

▽節論綱要一：太空混沌景狀，陰陽電子聚能暴電概念。

附一：太空原始創造混沌景狀，裡中蘊藏著諸多陰陽電子，以及各異諸多物質原子體。。陰陽電具消長效應，並與同性相吸而日益壯大成熟。，以致相觸、相碰暴電，而發生連續大爆炸，於是啟動了大自然生態，萬物生命巨輪。

附二：太空創始，即醞釀相當未以開發能源。。萬般事物作為，皆欲備齊有關材料方可運作得成。，而太空啟端若無蘊存於構材，亦無可啟開今日，大自然生態大門。

附三：太空之所以創造宇宙，其俱備了物質、能量、空間三大因素而成。。其為相對性，倘若無以俱全其全然條件，焉可締造出今日繁華景象。

▽節論綱要二：太陽、地球屯積熱能等能量，造就萬物生命概論。

附一：太陽儲存了相當浩大能量，造就了大自然萬物生命。。今日太陽發光發熱，其中積微成巨能源。，以致發射能量，照應大自然生態，生生不息。

附二：地球俾及太陽造就，其中蘊藏諸多能源效應。。

造化了萬物生命生存，同時締造赦然成就，以供世人享受不盡榮華富貴。

附三：能量所及方可發揮其才，而能源越巨所提供能量亦逐巨，太陽、地球偌大儲能方可造就人類史記，生生不息盎然生機。。之所以締造諸多超然成就，皆由大自然生態所提供的。，諸君所作所為莫以忘本，而忘了我是誰。

▽節論綱要三：人類應以效法大自然生態，「蘊所能，發其才。」，以致創造成就，造福黎民百姓。

附一：聚所能，定然有所發揮，人類創造若干「人事物。」生態業務成就。。難聚諸多才華學識能力。，方以製造出赦然成就，並非空穴來風，遂意得逞。

附二：能力所及，欲經以學習磨練技巧。。並經時間篩檢，斷然造就人才出籠。，以創造斐然成章、完美成果。

附三：成功不是偶然，勝利並非奇蹟，長城而非一天造成的，得取美麗豐碩成果，皆欲用心栽培。。並以時間耕耘，積所能，假以時日時機成熟。，必可得以摘取，或待適當時機氛圍出手取得。

▽第一段摘要：太空啟端，蘊集能源概論。

一說：原始太空即聚諸多陰陽電子能量。。其能由微至巨，由少積多，以逐漸式紮實打穩腳步。，然而順應成長，予以長大成熟成效。

二說：能量欲時間培養打造積能，其成長間，欲經以不短歲月醞釀、聚集、淘汰歷程。。然而同性相吸、相引、相聚為一體。，存聚固有能量方可淋漓盡致，發揮至極效能。

三說：能量成熟發酵，欲待時機氛圍，時未來、運不轉，即時加以臨門一腳。。即可傾巢而出，發揮固有能量。，以達及成效、效應業務，莫以出鎚，即可事半功倍功效。

▽第二段摘要：太陽積聚熱能，造就地球萬物生命概況。

一說：大自然生態行為相對性，大霹靂創造宇宙，同時造就太陽誕生。。而太陽亦造就地球誕生，並造化萬物生命。，當際也致使宇宙產生諸多能源，滋化生機，以致生生不息景狀。

二說：太陽造就地球，並賜予良多資源，以致今日之繁榮。。大自然生態蘊藏著陰陽界即兩極態勢，兩大勢力創造了宇宙，亦造就大自然，同時造化地球生態盎然生機。

三說：大自然生態為陰陽性界兩大勢力並存，而予以拱起併構的。。太陽公為陽性，地球母為陰性，倘若無以兩性交合配合運作。，何來今日之榮華，更無當今太陽耀武揚威、風光神采顏面。

▽第三段摘要：今日之成就，皆由聚能、才華所創造出的。

一說：之前、當今或未來，「人事物。」生態業務作為創造，皆欲由人才思維、超然能耐，所作所為予以構成。。倘若無才無能，何來能耐開創美麗成果。

二說：才華、能耐雖屬半天性，即如鑽石般，若無經以一番琢磨，焉能發光發亮。。蘊所能，方可得心應手發揮才幹。，拼出一片天，能量越巨，時效越久，為相對邏輯。

三說：擁俱超然能耐，亦應俱備理然理道而為。。無以實在態度，而南轅北轍，一切將為枉然。，盡善作為，人人敬之，名利雙收，非善而為，人人唾棄，臭名萬世，人生何義。

第貳拾肆節綱論

大自然「自主意志力。」，開創萬物，生命進化因應環境生活概論。

▽節論綱要一：大自然無私無懼，堅忍不拔，「自主意志力。」克服萬難進化概論。

附一：大自然擁俱浩然巨大能量，造就萬物生命興榮，衍生至今。。其秉持一股萬劫不覆「自主意志力。」，克服荊棘萬難，並進化改進自體功能。，以因應適應多變環境氛圍，而屹立不搖永佇於至今繁榮生活。「自主意志力。」可促進本身好學，並增強智慧及能力。，處及事務將可事半功倍效應。

附二：大自然生機成立，歷程極為波折不平靜，其中經歷了多重考驗。。方以奠定腳步，滋生萬物生命。，並演化生態生生不息。

附三：「堅韌不拔意志力，方可克服萬難臻及所望。。意志力帶動浩巨能量，沖破重重關卡。，種下了永垂不朽盎然生機。

▽節論綱要二：天生「自主意志力。」及培養（自主意志力與天俱來為天性，其為人才首要條件。，亦為成功基本要素。）

附一：自主意志力與天俱來屬天生個性，其具野性，尚缺火候。。假以時日加以晉善修飾，即可匹敵奔馳沙場。，當可立於不敗之地。

附二：自主客觀意志力，為人才應以俱備首要原素。。亦為「人事物。」業務作為成功基本條件。，環境際遇造就意志力，以造就人才、創造成就、造福黎民。

附三：意志力理念，將以培養積聚，而事務作為，意志力應堅定持續不懈。。萬般業務作為難免事與願違、挫折。，倘若其志不堅，將前功盡棄。

▽節論綱要三：意志力為動力。（意志力莫以動搖，應以堅持至終，否則一事難成。）

附一：作為欲具「事與願違。」警訊，莫抱樂觀必然態度。。方不至於跌入谷底，難以自拔窘狀。，未雨籌謀、意志堅定、十年不晚，媳婦熬成婆，不易啊！

附二：意志力雖堅，但成氣候欲以時間醞釀成熟。。待於適當適時天機，把握黃金第一時候出爐。，時機不對，時未來，運不轉，應以警惕不作聲響，強出頭，見光死，並陷於慘境。

附三：意志力堅定，並候天時、應地利，大自然生態時機輪轉，有機可循，沙場演練，推理至極，抽絲剝繭，分科別目，歷歷在目便知分曉。。便於此段、中段、長遠願景，分析解剖，防患未然，以免捉襟見肘，不知所措，錯失良機。

▽第一段摘要：大自然堅一不二，堅持自主意志力，開創萬物生命。

一說：大自然一貫作風，中規中矩，以蘊釀打造自主意志力。。沖過重重關卡，開創偉大浩然成就。，以致今日生機盎然景象。

二說：客觀堅定意志力，經以幾番波折，並經環境等等影響因素，所逐漸形成。。人無多能，順其自然，遂然而為，其等際遇考驗。，以致拱豎其志，完成使命。

三說：意志力堅定不二，方可打造偉業，完成所望。。倘若其志不堅，而一心兩用。，將無以締造成就，全功盡棄，一事無成。

▽第二段摘要：天生意志力，為天性，但未經磨練修飾，頗具野性。

一說：君者，意志力欲以堅定，倘若猶豫不決，將無可完成所願。。自主意志力為天性，將深深牽引著諸君作為命運。，君若聰明人，尚可創造機會，再造生機。

二說：天生客觀堅定自主意志力，若經以調適修飾，即可締造機會，甚可改造自己命運作為。。雖為天命，諸君若以立志。，將可完成我行我素逐意生活。

三說：人生意義夫復何求，過得意義光彩，士可殺不可辱。。拱起堅定意志力，完成所望，未枉人生瀟灑走一回。

▽第三段摘要：「駑馬十駕，功在不舍。」，經以沙場無拘無束奔馳，觀察歷練便拱起『自主意志力。』。

一說：奠固理念，拱起堅定「自主意志力。」。。蓄力待發，時機成熟，把握天機，全力以赴。，以便手到擒來。

二說：意志力為作為動力，其志行為欲以成熟，並俱全方位思維。。全神貫注，莫以分心，倘若百密一疏，盡失天機，若欲挽回，為時已晚。，預先籌謀操演，利刃應時時刻刻磨利以待，切莫應用生鏽，誤及天機。

三說：自主意志力，經以時間蘊釀打造。。以致成熟，擬定目標，完成所望，並奠立了偉大成就。，偉業為經以微思，成聚理念，而逐步拱起「堅定自主意志力。」。，然而創造豐功偉業。

結論

論文著述延續欲以順暢，莫以脫節失衡。

太空創造宇宙星球，太陽造就地球。，地球造化萬物生命人生概論。

序論：陰陽電創造宇宙，陰陽電子聚能，促成暴電

太陽造就地球，

地球造化萬物，誕生生命，

生命兩大意義，並以自主意志力立世，

大自然暨人類以堅定自主意志力，創造超然成就。，造福黎民百姓，

意志力啟開「人事物。」生態業務作為，

繁複業務作為事與願為，諸君蘊所能、揮其才克服重重難關。，方可圓滿交差了事。

陰陽暴電產生諸多火團，而諸眾原子體供及加以能量加持及燃燒。。以致構成連續持續燃燒遍野，其之火勢當可推極。，然加宇宙各物質原子助燃，理之所然無可厚非即誕生了太陽。

獵海人

地球造化萬物生命人生概論

作　　者　薛文興
圖文排版　莊皓云
封面設計　蔡瑋筠
出 版 者　薛文興
製作發行　獵海人
114 台北市內湖區瑞光路76巷69號2樓
電話：+886-2-2518-0207
傳真：+886-2-2518-0778
服務信箱：s.seahunter@gmail.com

展售門市　**國家書店【松江門市】**
10485 台北市中山區松江路209號1樓
電話：+886-2-2518-0207
三民書局【復北門市】
10476 台北市復興北路386號
電話：+886-2-2500-6600
三民書局【重南門市】
10045 台北市重慶南路一段61號
電話：+886-2-2361-7511

網路訂購　博客來網路書店：http://www.books.com.tw
三 民 網 路 書 店：http://www.m.sanmin.com.tw
金石堂網路書店：http://www.kingstone.com.tw
學思行網路書店：http://www.taaze.tw

法律顧問　毛國樑　律師

出版日期：2015年6月
定　　價：280元

版權所有・翻印必究　All Rights Reserved
本書如有缺頁、破損或裝訂錯誤，請寄回更換

Printed in Taiwan

國家圖書館出版品預行編目

地球造化萬物生命人生概論 / 薛文興作. -- 一版. -- 基隆市 : 薛文興, 2015.06

面； 公分

POD版

ISBN 978-957-43-2473-6(平裝)

360 104008290